CONTEST 较量

制空之王

赵云鹏 著

机械工业出版社
CHINA MACHINE PRESS

本书以较量为主题，介绍近现代主流经典战斗机的性能与研制过程，通过对同型同代典型战斗机的比较与模拟战斗，讲述了许多航空知识与原理，把空战的术语与概念融入其中，寓教于乐。现代喷气式战斗机的众多花哨机动动作是什么样的，有哪些实战意义？现代喷气式战斗机又有哪些比较出众的代表？这些飞机都是哪国研制的，研制背景又有哪些？"尾冲""能量机动""眼镜蛇机动""过失速机动"都是什么意思？哪型飞机有哪些独门绝技？那些看似眼花缭乱的机动动作在实战中真的可靠吗？诸如此类广大军事迷都关心的有趣话题，都可以在本书中找到答案。另外值得一提的是本书精美的图片涵盖典型飞机的较量想象图，均为作者原创，可供广大读者收藏品鉴。

图书在版编目（CIP）数据

较量：制空之王 / 赵云鹏著. — 北京：机械工业出版社，2023.3
ISBN 978-7-111-72589-3

Ⅰ.①较… Ⅱ.①赵… Ⅲ.①歼击机—介绍—世界 Ⅳ.①E926.31

中国国家版本馆CIP数据核字（2023）第024605号

机械工业出版社（北京市百万庄大街22号　邮政编码100037）
策划编辑：韩伟喆　　　　　责任编辑：韩伟喆
责任校对：丁梦卓　张　征　责任印制：张　博
北京华联印刷有限公司印刷

2023年4月第1版第1次印刷
169mm×239mm・15.5印张・200千字
标准书号：ISBN 978-7-111-72589-3
定价：89.00元

电话服务　　　　　　　　　网络服务
客服电话：010-88361066　　机　工　官　网：www.cmpbook.com
　　　　　010-88379833　　机　工　官　博：weibo.com/cmp1952
　　　　　010-68326294　　金　书　网：www.golden-book.com
封底无防伪标均为盗版　　　机工教育服务网：www.cmpedu.com

前言

战争没有胜利者，但总会有个输赢。

自从1903年美国的莱特兄弟将人类首个有动力飞行器驶上蓝天后，人类有了驾驭飞行器的能力，继而飞机被发展为空中武器，顺理成章投入到第一次世界大战中。就此，战争形式发生了翻天覆地的变化。空中力量的加入，使人类武装集团之间的争斗增加了新的维度。

千百年来人们望天兴叹，羡慕鸟儿的翱翔，向往云朵的卷舒。可当人类掌握了飞行技能冲上云天，又将本该自由翱翔的翅膀全副武装起来，与对方进行搏杀，充满讽刺的同时，却也助力航空科技大跨步前进。

1918年4月的欧洲，随着德国飞行员曼弗雷德·冯·里希特霍芬与他那架火红色战机一起陨落，这个著名王牌飞行员的形象在短时间内迅速深入人心。

一百年前的空中战斗基本在目视范围内，双方分别占据有利位置，使用机枪等武器相互射击，方式方法比较原始。因为那时的飞行器不具备高空高速飞行的能力，且飞机大部分为木质结构，相对比较脆弱。此外，人体所能承受的生理极限也限制着空战高度。飞行员只能坐在几乎没有任何防护措施的飞机座椅中露天战斗，氧气不足，没有抗荷服，不能进行大范围机动；温度低，气流流速高，飞机几乎谈不到什么机动性，空战比拼的是双方飞行员的个人意志和身体条件。敢打敢冲，不畏枪林弹雨去争取胜利，是一名优秀飞行员的基本素质。

第二次世界大战时期，航空科技水平有了比较大的提升与改进。飞机的速度与飞行高度不再拘泥于几百上千米。飞机的速度更快，飞行高度更高，

较 量
制空之王

有了进一步提升和改良的仪器仪表,增加了通信、地面雷达等装置,空战模式也随着武器的提升而进步。虽然相比一战时期进步很大,但那时还是老式活塞螺旋桨飞机的天下,即使二战末期德国空军出现了Me-262和Me-163这类有着原始喷气式和火箭发动机的战斗机,但也仅是昙花一现,对战争的结果和进程没有任何帮助。

20世纪50年代,喷气式战斗机方兴未艾,军事大国纷纷抛弃螺旋桨飞机转向先进喷气式战斗机的研制,这种战斗机在其后的战场中迅速将螺旋桨飞机淘汰。

从我们熟知的美制F-86"佩刀"、苏制米格-15,到法国"幻影Ⅲ",从英国"闪电"、苏联苏-27系列,到如今的美国F-22"猛禽"及F-35"闪电Ⅱ",从跨声速到两倍声速,从大机群作战到隐身突击信息化电磁制胜,空战形式的转变就是人类科技水平的空中展现。

新世纪空中力量的斗争形态已然今非昔比,高技术、高态势感知、高机动性和隐身化成为世界各国空军战斗机队伍建设及科研机构设计的重中之重。打赢新形势的空战,将己方力量发挥至最大化,在尽可能多消灭敌人的同时有效减少己方损失等,都是现阶段各国空军的目的。

什么是空战?

20世纪80年代,由汤姆·克鲁斯主演的好莱坞电影《壮志凌云》家喻户晓,美国格鲁曼公司的F-14"雄猫"舰载战斗机大战"米格-28"战斗机被演绎得精彩绝伦。电影中,双方战斗机的相互接近、锁定瞄准、导弹攻击等镜头让观众大呼过瘾。电影是大银幕艺术,艺术来源于生活又有创作团队的加工及升华。那么,现实中的空战与电影中双方战斗机艺术化演绎的战斗场景有什么不同呢?

在回答这个问题之前,我们要先了解一些概念,掌握一些现代空战知识。比如,现代喷气式战斗机的众多花哨机动动作是什么样的,有哪些实战意义?现代喷气式战斗机有哪些比较出众的代表?这些飞机都是哪国研制

前言

的，研制背景有哪些？

"尾冲""能量机动""眼镜蛇机动""过失速机动"都是什么意思？哪型飞机有哪些独门绝技？那些看似眼花缭乱的机动动作在实战中真的可靠吗？是"花拳绣腿"还是真功夫？

还有很多比较通俗又必须解释的问题，例如在20世纪60年代至今的典型战斗机中，谁才是各个时期真正的空战之王？翻阅历史文献，很少有典型现代空战出现。数次中东战争中以色列空军对抗中东一众国家的空军、越南战争美越空战、海湾战争及北约空袭南联盟等，要么是一边倒的压制性打击，要么是一方基本掌握战场制空权另一方只能被动挨打，即使有一些零星战斗也是一闪而过，几乎算不得空战。

本书使用三维虚拟现实技术实现各兵种各型号之间的虚拟比赛，试看谁才是优胜者。虚拟现实不是胡诌，更不是完全抛弃现实，而是建立在真实可靠的数据库基础上有的放矢。《孙子兵法》有云："虚则实之，实则虚之。"我们先从20世纪60年代开始，逐步升级，逐次增加难度和科技含量。本书无论从整体逻辑还是从技术手段、创新思维上，皆属国内首创且独一无二。

不管谁是优胜者，战争永远不是有理智有良知的人们所推崇和向往的。本书只是利用各国空军一些典型装备进行战术模拟，绝非鼓吹争斗，我们就将本书内容当成一场游戏，里面还包含着许多寓教于乐、循序渐进的空军科普知识。

目 录

前 言

01 飞 天

梦想之路	002
怎样飞行	009
战斗机简史	015

02 两倍声速

米格-21"鱼窝"	026
F-104"星"	035
孰为珪璋	042

03 能量机动

米格-29"支点"	050
F-16"战隼"	061
"狗斗之王"	081

04 天生宿敌

苏-27"侧卫"	090
F-15"鹰"	108
制空雄鹰	123

05	欧洲双雄	法国"阵风"	132
		欧洲"台风"	152
		棋逢对手	158

06	海空争雄	苏-33"海侧卫"	166
		F/A-18"大黄蜂"	178
		蹈海踏浪	193

07	隐身无形	F-22"猛禽"	200
		苏-57"重案犯"	214
		最强!	226

部分专业术语解释　　　　232

结　语　　　　　　　　　238

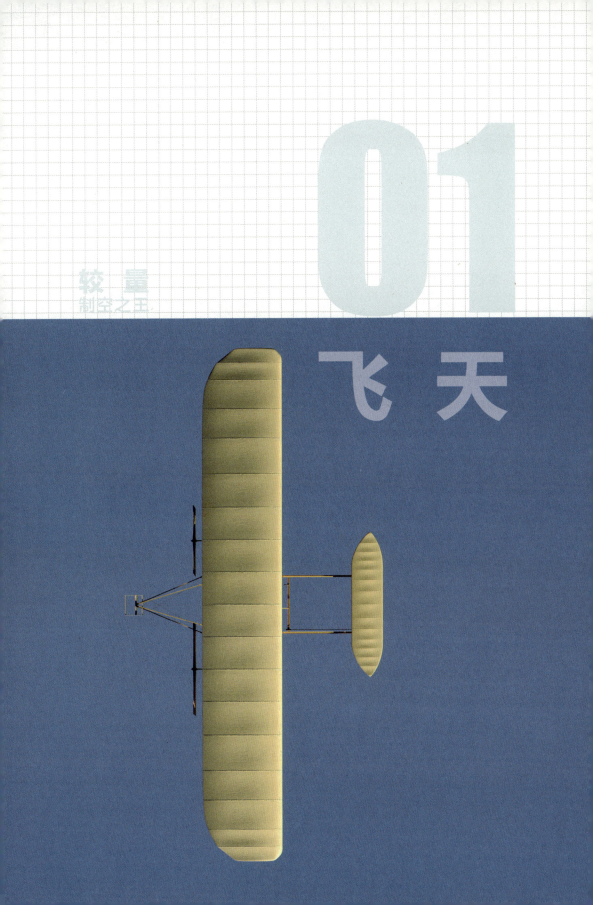

梦想之路

如今人们乘坐飞机出行已是十分平常的一件事，飞机不仅方便快捷且安全高效，在短时间内即可将旅客或物资输送到较远距离。但细心的你一定会发现，飞行并不是一件简单的事，飞行器为什么会飞，这是一个需要解释的科学问题。

飞行器按照飞行原理可分为两大类：轻于空气重量的飞行器和重于空气重量的飞行器。

轻于空气重量的飞行器比较典型的有气球、飞艇等。它们本身重量密度小于空气，自身产生升力飞向天空。重于空气重量的飞行器就是我们常见的飞机、火箭等，它们自身重量要远远高于同等空气重量，依靠额外动力及空气动力学原理使之飞行，同样遵循空气动力学原理，有固定式机翼和旋翼机之分。

还有一个比较重要的概念需要说明，我们常把大气层内有自身动力依靠空气动力学的飞行叫航空，大气层外宇宙空间飞行叫航天，以海拔100千米为界限，这条界限又被称为卡门线。本书讲述内容皆为固定翼喷气式战斗机，所以属于航空范畴。

接下来我们来了解一下，飞机是怎样实现飞行的。飞机与空气相对运动产生的结果使其机翼有了升力，这是基于空气动力学最基本的两个定理：伯努利定律和流体连续性原理。

瑞士数学家和物理学家丹尼尔·伯努利于1738年出版了对后世影响极大

苏-30MK战斗机

的《流体力学》,这本书对空气动力学有大量科学翔实的解释,也是后来发明飞机的理论依据,《流体力学》奠定了空气动力学的理论基础。伯努利通过研究理想流体运动中速度、压力、密度等参数之间关系,找到了它们之间变化的规律,即伯努利方程。简单来说,就是流体的流速与其压强成反比,即在空气中,空气流动得越快,其压力就越小。

流体连续性原理可以简单表述为:根据质量守恒定律,当一定质量的气体流经截面变化的管道时,在同一时段内,流过任何截面的气体质量都是相等的。当空气流速较低时,空气密度变化很小,或者说空气是不可压缩的。我们可以想象一下,当气流稳定流过直径有变化的管道时,每秒流入多少空气,也流出等量的空气,所以管径粗处的气流速度较小,而管径细处因为空气拥挤速度就会较大。

那么现实中飞行器是怎样应用伯努利定律的呢?让我们一起来看一下这张机翼剖面图,通过这张剖面图我们可以很直观地观察到飞机的机翼上下面形状有很大差异,上面相对凸一些,下面相对平一些。飞机机翼上部的空气在经过机翼时,相比下部有更多的流程距离,在速度压力相等的情况下,上部气流流速快,压强更小;下部空气流速相对较慢,压强更大。这使飞机产生了一个向上的升力,飞机各种翼面的升力之和构成了整个飞机的总升力,当速度足够大、飞机总升力大于自身重量的时候,飞机就飞起来了。当然,这仅是没有列举大量方程和数学模型等条件下的简单表述。

升力与速度大于自身重量就可以起飞,这样看起来似乎飞机的飞行原理很简单,其实不然。人类为了实现飞天梦经历了大量失败和教训,也留下了

典型飞机机翼剖面图

飞天

很多美丽的故事与传说。

嫦娥，中国神话中最为我们所熟知的月宫仙女。《淮南子·本经训》记载："逮至尧之时，十日并出，焦禾稼，杀草木，而民无所食。猰貐、凿齿、九婴、大风、封豨、修蛇皆为民害。尧乃使羿诛凿齿于畴华之野，杀九婴于凶水之上，缴大风于青丘之泽，上射十日而下杀猰貐，断修蛇于洞庭，擒封豨于桑林。万民皆喜。置尧以为天子。"相传上古时期，天上有十个太阳一同出现，灼热的阳光晒焦了庄稼，花草树木干死，老百姓没有吃的东西，还出现了一些妖怪。尧便派羿去为民除害，并把天上的十个太阳一连射下来九个，只剩一个太阳继续供给人类光明。接着，羿把其他灾害也一举清除，百姓都非常高兴。民众很感激羿和尧，并推举尧为领袖。

老百姓很崇敬羿，很多人慕名而来拜他为师，这其中就有个人名叫逢蒙。逢蒙跟随羿学习射箭，得知羿的夫人嫦娥保留着西王母赠送给羿的长生不老仙药，起了歹心想要抢走。嫦娥害怕逢蒙得逞，便抢先服下了这颗仙丹。服下仙丹后的嫦娥突然身体发轻飞向空中不能停止，越飞越高一直飞到了月亮上。羿回家不见夫人，看见月亮上一只月兔在桂树下蹦跳，嫦娥也在桂树下与自己相视，便起身去追赶月亮。他追多少步月亮就退了多少步，无论如何也没有追上。后来人们为了纪念嫦娥，每逢八月十五月圆之夜便摆放起各种鲜美的食物祭奠她。这就是嫦娥奔月的故事，也是中秋节的起源故事之一。这个美丽的传说流传了几千年，也承载着我们的"飞天梦"。

还有一个流传很广的故事：万户飞天。

据传明朝时期有一个手艺精湛的木匠叫万户，在朝廷的兵器局任职，后来万户舍弃官职回到家中一心专研发明创造。他发明了"飞鸟"，这是一个以现代眼光看来非常简陋的"载人火箭"，椅子上固定些火药引信等产生推力，以巨大的风筝进行飞行。飞行试验当然是以失败告终，但这却是非常有意义有价值的一次尝试。万户飞天，也成了传说中人类航空（天）的鼻祖。

较 量
制空之王

当然，上述两个故事都仅是传说，嫦娥肯定没有奔月，万户也找不到确凿证据来佐证其真实性。不论与否，他们都是人类向往飞天的一种期许。

说了几个故事，我们再看看真实的航空科技先驱们。

卡尔·威廉·奥托·李林达尔，德国工程师，航空先驱。

李林达尔是第一个有据可查使用滑翔机飞行的人，他颠覆了飞行必须使用气球才能实现的理论，"比空气重"的飞行器也可以成功起飞。根据伯努利方程，他发明并发展了现代机翼的概念，1891年的首次飞行尝试被公认为人类飞行的开始。不幸的是，在1896年8月9日，他的滑翔机失速无法重新控制，他从距离地面大约15米处坠落摔断了脖子，第二天就去世了。

1891年，李林达尔成功完成了大约25米距离的跳跃和飞行。他可以利用10米/秒的上升气流，逆着山丘保持相对于地面的静止，向地面上的摄影师大喊以调整到最佳拍照位置。1896年8月9日，李林达尔进行飞行试验。那天阳光明媚，不太热。第一次飞行很成功，他的滑翔距离达到了250米。在第四次飞行中，李林达尔的滑翔机向前倾斜，迅速下降。他以前很难使飞机从这个位置恢复，因为滑翔机依赖于重量转移，当指向地面时很难实现复飞。最后，他从大约15米的高度坠落，送医不久便去世了。李林达尔虽然因事故去世，但人们并未停下飞向蓝天的脚步。

1903年12月17日，美国北卡罗来纳州，奥维尔·莱特和威尔伯·莱特使用莱特飞行器进行了首次受控的持续飞行，也就是有动力且重于空气的飞机。莱特兄弟是最先发明固定翼动力飞行控制装置的人。

事情还要从1899年美国俄亥俄州一家名叫莱特自行车的公司说起，莱特自行车公司由两兄弟共同执掌，哥哥威尔伯·莱特有着卓越不凡的见解和思维，弟弟奥维尔·莱特善于制造，被誉为"可以制造一切想制造的机器"的人。哥哥负责设计，弟弟负责制造，兄弟两人相辅相成。对威尔伯来说，每天只是修理和设计自行车显然不够满足。在那个时代，很多人都在进行飞行探索，但没有人真正成功，主要因为那时人们对于飞行的理解不够深刻，航

飞天

空理论基础薄弱。李林达尔等先驱们虽然取得了很大成就，但也仅限于滑翔机，除了顺应空气气流飞行并没有额外的动力主动控制飞机。严格意义上，那些不能算是飞机，只能说是滑翔飞行器。

威尔伯虽然经营着自己的自行车公司，但天才是不甘平凡的，他逐渐把视线转移到飞机的设计中，并敏锐地发现鸟在天空中飞翔时翅膀的巧妙变化，提出了"翘曲机翼"这个著名的概念。其后几年，兄弟俩把大量时间和精力都放在了飞机设计上，这期间他们制造了几架滑翔机并试飞，取得了一定成功。但无论滑翔机是否成功，飞行距离有多远，那还是对于滑翔机的进一步提高，距真正的飞机还有不少距离，他们需要突破。

与此同时，美国纽约州还有一位天才也在努力钻研飞机，他就是著名航空先驱格伦·哈温德·寇蒂斯。寇蒂斯跟莱特兄弟差不多，经营着一家摩托车公司，他对内燃机的使用比莱特兄弟有经验得多。20世纪初，人类航空史上的第一场较量正在进行着，这次的主题：谁才是飞机之父。

在花费了不少金钱之后，莱特兄弟终于将自己的飞机制造了出来，并起名为"飞行者一号"。为了获得更多控制力，他们加强了方向舵系统，又安装了一台4缸12马力（1马力=735瓦）的小型发动机。1903年12月17日，美国北卡罗来纳州，奥维尔·莱特驾驶着"飞行者一号"冲上天空。虽然当天第一次飞行时间仅十几秒时间，飞行距离仅不到40米，但这是人类有动力控制的飞机的首次飞行。尽管在几次飞行后"飞行者一号"遭到损坏，当时美国政府和媒体还对此次飞行抱有怀疑态度，有些非议和不重视，但这无疑是人类科技史上伟大的一天。莱特兄弟完成了不可能的任务，首架有人主动控制、带有发动机的飞机飞向蓝天，也宣告了天空较量的开始，制胜天空的帷幕就此拉开。

莱特兄弟的"飞行者一号"具有非凡的意义，不同于李林达尔单纯依靠空气气流飞行的滑翔机，装有发动机和可控制舵面使得"飞行者一号"具有了真正意义上的飞机的概念。虽然"飞行者一号"还是那么原始，控制舵面

较量
制空之王

更是落后的软式连接,但发动机的加入让飞机可以依靠自身动力向前飞行,不再完全依靠风力。"飞行者一号"确立了莱特兄弟在航空史上的地位。

在莱特兄弟拿到了飞行器专利后,寇蒂斯也跃跃欲试开始飞行试验。莱特兄弟和寇蒂斯的发明之争正式打响。

副翼——寇蒂斯为了绕开莱特兄弟的专利而发明的飞机可动面,至今仍在各式飞机中使用。寇蒂斯设计制造了40匹马力且带有副翼的飞机,将其命名为"金甲虫",寓意为传奇。寇蒂斯带着他的飞机参加比赛,希望证明自己的飞机比莱特兄弟设计的要优秀。很多时候,为了证明和实现自己的成功,你必须愿意承受更多的失败。"金甲虫"在比赛前一天的飞行中坠毁,幸运的是,寇蒂斯只是有些许擦伤。1908年7月4日,美国纽约州,寇蒂斯驾驶着修复完成的"金甲虫"在众多观众面前飞行了2分钟,这个消息传遍了各地,寇蒂斯一战成名。其后一段时间,寇蒂斯发明了水上飞机,并首次在军舰上起飞,成为现代航空母舰舰载机的雏形。

"飞行者一号"

飞天

神话传说和航空先驱们的故事,是人类飞天梦的现实实践,是人类对飞上天空不遗余力的努力。

怎样飞行

孙子曰:"善守者藏于九地之下,善攻者动于九天之上。"这里的九天,指的就是宇宙。宇宙,时间为宙,空间为宇。

大约138亿年前,发生了宇宙大爆炸,经过上百亿年的演变形成了无数的星系,星系中有恒星、行星和卫星。氢、氮、氧等生物必需的元素在我们美丽的家园出现。有了引力、阳光等基础条件,风雨雷电等自然气候逐渐形成。气流,这个飞行必备的基础条件已经成形。当人类进入科学高速发展时期,怎样利用空气进行飞行成为一百多年前科学家们集中攻关的课题。

现在我们知道了伯努利定律,知道了飞机要有发动机、有机翼,机身符合空气动力学才可以飞行。那么飞机是怎样在天空飞行的?又是如何控制的呢?

在过去一百年时间里,飞机的诞生使我们的出行方式发生了很大变化,而让这台庞大复杂的机器在天空翱翔的最大功臣还是机翼。下面我们简单介绍下机翼的重要性及飞机在天空飞行的原理。

通过机翼剖面图我们得知多数机翼都不是平直的,有一定曲率且向下,这使气流通过机翼时被向下推,牛顿第三定律在此得到印证:作用力与反作用力。当气流被向下推时,气流会以相同的幅度向反方向推动机翼,这就产生了机翼的升力,使得机翼的设计符合空气动力学原理。飞机发动机产生推力,机翼产生升力,使飞机飞向天空。

当然,这就又引出一个很重要的部分:发动机。

从莱特兄弟使用12匹小推力发动机开始一直发展至今,飞机发动机种类

曼弗雷德·冯·里希特霍芬的"红男爵"座机

繁多且技术复杂,发动机更被称为"工业皇冠上的明珠"。我们熟知的二战明星战机P-40就是一种由发动机带动螺旋桨使之高速旋转产生推力的螺旋桨飞机。

到了二战后期,喷气式发动机的出现使战斗机的速度产生了质的变化,比较著名的属苏联研制的米格系列。不过,早期涡轮喷气式发动机有着油耗大、加速慢、推重比欠佳等缺点,逐渐被技术更先进的涡轮风扇发动机取代。

那么,飞机是怎样飞行,又是怎样被控制的呢?我们来讲解一下其中的奥妙。

如图所示,这架飞机的各操纵面已标识清晰。红色部分为飞机的方向舵,方向舵是飞机比较重要的一个操纵单元,一般安装在飞机尾翼安定面后缘,是一种可以使飞机产生方向偏转的装置。当飞行员蹬左脚踏板时,方向舵向左偏移,蹬右脚踏板使方向舵向右偏移,向右偏移的方向舵会在机身尾部产生向左的力,使机头向右偏航。方向舵脚踏板回到中立位置后,方向舵也回到中立位置,飞机停止偏航。

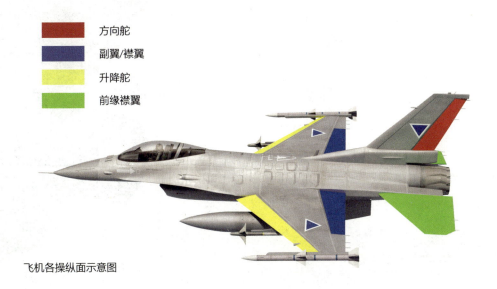

飞机各操纵面示意图

较 量
制空之王

　　蓝色部分为飞机的副翼\襟翼。现代战斗机因为有了数字化电传操纵系统，已经将副翼和襟翼整合，形成了襟副翼系统。现代战斗机多安装有前后缘襟翼，目的是增加机翼的弯曲度，从而提高升力，在起飞降落或大迎角动作时使用。当然，还有一些使用襟副翼装置的飞机，这些在后文中都会有相应说明。襟副翼是安装在飞机机翼上，用于飞机滚转的舵面，通常安装在两侧机翼，每侧机翼一个，为对称式安装。通过左右差动控制飞机滚转，从而形成两侧机翼不同的升力差。

　　绿色部分为飞机的升降舵，顾名思义，升降舵就是使飞机爬升或降落的一个操纵面。升降舵向上偏转产生的力迫使机尾向下，机头向上。在恒定速度下，机翼增加的迎角会使机翼产生更大的升力，从而使飞机向上加速。升降舵向下偏转产生的力导致飞机尾部上升，机头降低。在恒定速度下，迎角的减小会降低升力，从而使飞机向下加速。

　　黄色部分为飞机的前缘襟翼，前缘襟翼有好几种，前缘襟翼、前缘缝翼、前缘扭转等。比较典型的苏-27战斗机采用的就是前缘襟翼，大型客机多采用前缘缝翼，美国F-15"鹰"式战斗机则采用了较独特的前缘扭转。虽然方式结构有所分别，但大致作用还是一致的，都是为了使机翼尽可能获得更多升力。其实现方式是使机翼尽可能形成一个拱形，达到最大弯曲度以获得升力。还有减速板、扰流板、翼稍小翼等，这里就不一一说明了。

升降舵偏转

飞天

现在我们将看看飞机起飞的具体操作是什么样的。

首先飞机对正跑道，将襟翼放下。起飞过程中前后缘襟翼都会放下并延伸，这就是前文中我们所表述的通过增加机翼面积和曲率，使飞机在较低速度滑行时也可获得较大升力。随着发动机推力逐渐加强，飞机速度也会更快，机翼获得的升力更高，当升力大于重力时，飞机就顺利起飞了。在达到正常巡航飞行状态的时候，飞机前后缘襟翼就可以收起了，以减少飞行的阻力。巡航飞行状态时，飞机所受的各种力会趋于平衡。即升力等于重力，牵引力等于推力。

下一步，我们讲讲飞机的飞行控制问题。

如果飞机想向下飞行，就向下调整升降舵，这会使气流产生偏转，尾部

加大升力，升力产生一个向下的力矩，机头就向下了。当然，想抬升机头向上飞，反向刚才的操作就可以了。

那么，飞机在空中是如何转弯的呢？可以通过调整方向舵进行水平转弯，但直线飞行的飞机水平转弯会让飞行员或乘客感觉不适，如同突然改变你的坐姿一样，至少会有些头晕。想在飞机转弯时舒服些，副翼可以很好地解决这个问题。飞机机翼两侧的副翼能够提供一个方向差，当飞机两侧机翼的升力不同，飞机就会轻微转动了。

现代飞机大都是以数字电传操纵系统为主，飞行员在驾驶舱内调整飞机的操纵面，由计算机进行庞大复杂的计算之后发出指令，对各操纵面进行指挥控制，大大减轻了飞行员的负担。

当然，随着人类航空科技的进一步发展和大量飞行试验经验的积累，飞机外形不会是一成不变的，飞机的操纵面也会有些不同，但大致操作原理还是一致的。

现代战斗机的气动外形主要受进气方式和机翼外形影响。其中喷气式发动机的进气道布置有很多种，如机头进气、两侧进气、机腹进气、机背进气等，机翼也分为矩形翼、三角翼、双三角翼、后掠翼、边条翼、环形翼、变后掠翼、梯形翼等。

机头进气三角翼比较典型的如苏联米格-21"鱼窝"战斗机；两侧进气切尖三角翼有美国F-15"鹰"式战斗机、瑞典JAS-39"鹰狮"系列战斗机等；变后掠翼有大名鼎鼎的美国F-14"雄猫"舰载战斗机、苏联米格-23"鞭挞者"系列战斗机等；美国F-16"战隼"系列战斗机则是机腹进气切角三角翼翼身融合体的典型。战斗机气动外形和飞机设计布局不仅有设计和任务需求的原因，还有科技力量、制造实力的体现，更有动力、航空电子设备等方面的不同。

众多的战斗机中，谁的性能最好，谁的战斗力最强呢？下面，我们将走进战斗机的世界，推开这扇神秘的大门一探究竟。

飞 天

战斗机简史

机枪射击协调器在1915年首次装备于德国福克E3战斗机上，固定射击武器的成功应用，揭开了空中格斗的宏伟篇章。从1915年至今，全球各种冲突和战争中都有战斗机的身影，这是翱翔蓝天的时代。

第二次世界大战末期，德国Me-262战斗机的出现揭开了喷气式战斗机争雄的序幕。从20世纪50年代朝鲜半岛的"米格走廊"到越南丛林上空的激烈争斗，从伊拉克的"沙漠风暴"到南联盟的硝烟，战斗机如影随形，每一个重大历史节点都伴随着空中战机的前进。"没有制空权就无法赢得战争。"意大利军事理论家杜黑首先提出了制空权理论，杜黑的制空权理论对世界各国空军部队的建设起到了重要作用。正是由于制空权理论和概念的出现，引起了战斗机之间的竞赛和发展。

在长达100多年的战斗机空中较量中，优秀的战斗机主要由以下几方面构成：

- 较快的飞行速度
- 出色的机动性
- 先进的航空电子设备
- 出色的态势感知能力
- 较长的航时
- 致命的武器
- 出色的隐身能力

在20世纪20年代，战斗机的动力主要由活塞式发动机带动螺旋桨提供，但这样的飞机速度较慢，机动性能也欠佳。1929年，英国航空工程师弗兰克·惠特尔提出一种革命性的喷气式发动机概念。根据他的设计，飞机发动机先将空气吸入，进入压缩机压缩，之后在单管燃烧室内喷油燃烧产生高压燃气，这些高压燃气驱动涡轮带动压气机，同时从尾喷管高速喷出，这样就产生了比较强劲的推力。然而惠特尔没有得到英国空军顽固派的支持。在其

米格-17F

飞天

后几年，意大利工程师赛康多·卡皮尼向意大利军方推荐了一种喷气式推进系统，结果也是无人问津。直到德国航空史上的传奇人物汉斯·约阿希姆·冯·奥海因，成功研制出世界第一台实用型涡轮喷气发动机，他的发明改变了世界航空史。

率先迈出军事应用第一步的是意大利人卡皮尼，1934年意大利军方同意与其合作。次年，英国人惠特尔也得到了英国军方的资金支持。到了1938年，德国占领奥地利和捷克，喷气式发动机的研发不仅是几个国家科学家之间的技术竞争，更是一场足以赢得制空权的技术革命和竞赛。谁先掌握了喷气式发动机的技术，谁就可以拥有比目前活塞式螺旋桨飞机更先进的战斗机，谁就可以称霸天空赢得战争。

1939年8月27日，德国入侵波兰前夕，世界上第一架喷气式战斗机在德国飞上蓝天。这一时刻标志着德国在激烈的空中较量中开始领先，世界战斗机技术革命已经开始。原本对惠特尔不屑一顾的英国军方也认识到喷气式战斗机巨大的速度优势，开始资助惠特尔继续开发自己的喷气式发动机。但卡皮尼因为资金不足以继续支撑研发，他在这场喷气式发动机技术竞赛中退出了。

1944年夏天，盟军已经在诺曼底登陆，即将解放法国。此时，梅塞施密特Me-262喷气式战斗机进入德国空军服役。这款战机的出现使盟军飞行员们感受到了喷气式战斗机强大的战斗力，但德国已经在战争中无法避免地失败了。事实证明，即使再先进的高科技武器，没有正义的使用者，也依然无用武之地。广为流传的一个说法是，二战后苏联获得了德国许多技术图纸和机器设备，在德国技术基础上开始发展自己的喷气式战斗机。苏联的雅克-15和米格-9虽然动力方面欠佳，但已为苏联日后发展喷气式战斗机奠定了坚实的基础。再加上英国研制的"尼恩"喷气式发动机战后出售给了苏联，有了这款发动机，苏联研发喷气式战斗机的脚步大大加快。

时间来到20世纪50年代，朝鲜半岛硝烟弥漫，美国派出F-80、F-84战斗机执行轰炸机护航和对地攻击任务，但好景不长，当苏制米格-15这种后掠翼喷气式战斗机出现在朝鲜半岛上空，美国的空中优势被削弱了。美国紧急派遣F-86"佩刀"战机与米格-15进行了人类航空史、也是人类战争史上首次喷气式战斗机之间的空中较量。

在经过长时间多次空战后，初期喷气式战斗机的瓶颈凸显出来：战斗机最高速只能接近而不能突破声速。声速，仿佛成了一道无法逾越的高墙。

想要突破声速，就要突破音障。在空气中，声音的传播速度会随着环境的改变而发生不同变化，一般平均速度约为海平面每秒340米左右，一倍声速也被称为一马赫。当飞机的飞行速度接近一马赫时，飞机周围会产生局部激波，激波的出现会导致气动阻力陡然增大，这就叫音障。要想飞得更快，飞机必须突破音障，但这个难题对飞机设计师和飞行员都是一项巨大挑战。1946年，英国人小杰弗里·得·哈维兰驾驶"燕子"DH108式飞机首先进行了超声速飞行尝试，他和他的"燕子"以超声速速度飞越泰晤士河，但最终机毁人亡。1947年，美国飞行员查尔斯·埃尔伍德·耶格尔驾驶X-1型火箭动力飞机成功进行了人类首次超声速飞行，次年，苏联也在超声速领域取得了技术突破，成功进行了超声速飞行。

当理论和技术取得进展后，世界主要空军力量迅速将这些科技成果运用到战斗机研发当中，著名的苏制米格-19、美制F-100等超声速战斗机相继投入使用。战斗机到底能飞多快？能不能达到两倍声速？20世纪50年代末，F-104进入美国空军服役，这是首款两倍声速战斗机。苏联不甘示弱，马上也让米格-21服役了，战斗机进入了两倍声速时代。

人类追求速度的野心没有止境，在那个技术探索的革新时代，许多现在看来奇形怪状的飞机先后亮相。美国的XB-70超声速轰炸机、SR-71"黑鸟"战略侦察机、苏联米格-25等三倍声速飞机也出现在各国武器库中。但世界各国在几场局部战争之后发现，高空高速的作战理念不合时宜，制空战斗机需要超强的中低空机动性能。因此，第三代战斗机的时代来临了。

飞天

我们在查阅资料或看新闻时总是能看到三代机、四代机等名词,这是什么意思呢?许多新闻里对一些典型战斗机的划代标准口径并不一致,这里面又有什么学问和讲究呢?

首先,战斗机的划代并没有一个国际科学标准,仅是一个约定俗成的称谓和概念。战斗机划代标准主要分为苏/俄系和美欧系两种,诞生于冷战期间。当时的东西方两大阵营全方位全领域都在进行对抗,战斗机这一军事装备中的明珠更是首当其冲。

美欧系战斗机划代标准:

第一代:美欧系标准主要以超声速战斗机为起点,如F-100"超级佩刀"战斗机等超声速战斗机。最高速度为接近或超过声速,机载武器主要以航炮和非制导航弹为主,后期加装相对简易的雷达火控系统。

第二代:以F-4"鬼怪"式战斗机和F-5"虎"式战斗机最为典型。最大速度可接近或超过两倍声速,有火控雷达系统,航空电子设备有较大提升,武器主要为红外空空导弹和雷达制导中程空空导弹,初步具备了中远程空战作战能力。比较重视高空高速能力,中低空性能较差,如F-104"星"式战斗机等。

第三代:20世纪60年代美国提出一系列新式战机计划,此后出现了以F-14"雄猫"舰载战斗机、F-15"鹰"式重型战斗机、F-16"战隼"战斗机及法国"幻影"式战斗机为代表的第三代战斗机。部分第三代战斗机已经开始使用计算机进行气动外形设计,采用了电传操纵系统及脉冲多普勒雷达等先进设备(苏联米格-29战斗机初期并没有使用电传操纵系统,还是装配机械液压系统,但米格-29也属于美欧系标准的第三代战斗机)。搭配先进的短距空空导弹及主(被)动中远程空空导弹等武器,为了适应各种战场环境,后期可加装雷达、电视及激光制导对地攻击武器,以便对地(海)面目标进行精确打击。此外,摒弃高空高速空战概念,开始强调中低空格斗能力,已经

SR-71"黑鸟"战略侦察机

飞天

开始模糊截击机、战斗机和对地攻击机的概念，开始向全能多用途战机方向发展。

在20世纪八九十年代，欧洲众国家先后研发了一系列先进战斗机，如法国"阵风"、欧洲"台风"、瑞典"鹰狮"等。这些战斗机没有赶上第三代战斗机研发首班车，起步较晚，但技术先进，适合本国本地区使用，比早期F-16等战斗机的综合性能有较大提升，它们被普遍认为是三代半战斗机。

第四代：20世纪80年代，美国面对苏联苏-27、米格-29等先进战斗机的服役，发现自己的F-15等战机无法在空战中取得绝对空中优势，世界第一空中力量的桂冠有旁落的危险，遂提出下一代先进战机的概念：高机动性、隐身、短距起降滑跑距离、高态势感知及超声速巡航。以一代名机F-22"猛禽"为代表的第四代战斗机就此诞生。

第四代战斗机为了追求极致隐身能力，武器不外挂，放置在机身内弹舱。在外形、红外、雷达等特征中下足了功夫，尽可能使敌方雷达探测距离缩小，以实现先敌发现、先敌开火、打了就跑的战术。

苏/俄系战斗机划代标准：

第一代：苏联以喷气式战斗机开始划分，如米格-15等战斗机。这些战斗机没有超声速飞行能力，但经过了大量实战战斗，拥有庞大的装备数量。

第二代：苏/俄系第二代可以认为是美欧系第一代，如米格-19。最高速度具备超声速飞行能力，主要武器为航炮。

第三代：苏联第三代可以认为是美欧系第二代，如米格-21。这里有个很有趣的飞机，米格-23。米格-23是一种变后掠翼机翼的战斗机，机翼在不同飞行状态下可收起或展开一定角度。苏联认为这是第一代变后掠翼战斗机，后期还可能会发展出第二代、第三代变后掠翼战斗机。但随着电传操纵系统日臻成熟可靠，战斗机开始向静不稳定方向发展，机身可动面的变化已经不是非常迫切的需求，这种变后掠翼战机被证明缺点大于优点，逐步被淘汰。

法国"幻影2000"战斗机

第四代：苏联第四代可以认为是美欧系第三代，如著名的苏-27系列战斗机、米格-29系列战斗机等。普遍加装先进的航空电子设备，使用先进的空空导弹，电子对抗能力相比上一代有较大提升。

第五代：苏联第五代可以认为是美欧系第四代，如苏-57战斗机。在苏-57研制和装备的时候苏联已经解体，这里就不是苏联标准了，已经变为俄标，这里需要重点说明。

简单总结：苏/俄系战机减一代就是美欧系。

	美欧系典型代表	苏/俄系典型代表
第一代	F-100	米格-15、米格-17
第二代	F-4、F-104	米格-19
第三代	F-14、F-15、F-16	米格-21
第四代	F-22、F-35	苏-27
第五代		苏-57

为了防止混淆与歧义，本书将以美欧系战斗机划代标准进行说明。

02

较量
制空之王

两倍
声速

米格-21"鱼窝"

苏联米格-21系列战斗机,战斗机中的"常青树",是由苏联米高扬设计局研制的超声速三角翼轻型战斗机系列。

说起米格,有必要介绍下大名鼎鼎的苏联米高扬设计局。阿尔乔姆·米高扬与米哈伊尔·古列维奇在1939年共同创立了米高扬-古列维奇设计局,亦为苏联设计局的"155号"部门,1976年古列维奇离世后更名为米高扬设计局。设计局取两名创办人姓氏的字首所命名的"米格"最为人所熟知。目前,米高扬设计局是俄罗斯联合航空制造公司旗下的一个子公司,是俄罗斯主要军用航空器设计及制造商之一。

米高扬设计局的产品几乎无人不知,从创下无数战绩的米格-15到双倍声速的米格-21,从三倍声速的钢铁怪物米格-25到畅销世界的米格-29家族,数量庞大的米格家族凭借其深厚的技术实力及科技力量,始终占据着世界战斗机市场的一席之地。代号"鱼窝"的米格-21,更是米高扬设计局的经典之作。米格-21系列战斗机产量很大,具有皮实耐用、可靠性强、维护简便、价格低廉的特点,对于机场及保障设施的要求很低,是深受众多国家空军欢迎的"抢手货"。即使在21世纪的今天,米格-21系列改进型号仍然大量服役,被誉为战斗机中的"AK-47"。

苏联提出了米格-19的进化型方案后,把米格-19的后续型设计交到了米高扬手上,他立即着手新战斗机的研发。在米高扬的主持下,米高扬设计局在20世纪50年代开发了一系列代号为Ye的系列原型机,而Ye系列的演进也被看

米格-21"鱼窝"

作是米高扬设计局对三角翼布局和后掠翼布局的实践。

米高扬设计局在1954年推出了原型机Ye-2，该机的设计类似于米格-19的机翼后掠角，但采用了更加先进的单台R-11发动机，取代了原来的两台RD-9B发动机，RD-11发动机在加力模式下拥有49.05千牛的推力。首架Ye-2在1955年2月试飞，为了赶上试验进度，首架Ye-2只使用了RD-9B发动机。1956年，使用R-11发动机中生产型R-11-300型发动机的Ye-2A首飞，1957年第二架原型机首飞。随后，设计局建造了预生产的五架飞机，这些飞机暂时被命名为米格-23用于评估，但最后并没有被投入现役。

苏联军事航空工业当局下达的命令是：在10000米空域，开启加力后5分钟达到1750千米/时的速度；在1.2分钟爬升至18000～19000米的高空；最大航程在使用发动机加力时为1800千米，不使用加力则是2700千米；起飞距离400米，着陆距离700米。在当

米格-21基本参数

技术数据	研制：	1953年
	首飞：	1956年6月14日
	服役：	1959年
	产量：	约11496架
	机长：	14.1米（不含空速管）
	翼展：	7.15米
	高度：	4.13米
	空重：	5895千克
	全重：	10100千克
	翼面积：	22.95米^2
	发动机：	1台R25-300涡喷发动机（型号不同，发动机有差别）
	最大速度：	马赫数2.05（2230千米/时）
	最大航程：	1225千米（未使用副油箱）
	作战半径：	270～350千米（前后期型号不同）
	实用升限：	17800米
	爬升率：	225米/秒
	推重比：	0.76（型号不同有上下浮动）
	机炮：	1门GSh-23双管机炮，载弹200发
火箭弹	S-5航空火箭弹	
	S-8航空火箭弹	
	S-13航空火箭弹	
	S-24航空火箭弹	
导弹	R-3/R-13"环礁"短距空对空导弹	
	R-23/24"尖顶"中程空对空导弹	
	R-60"蚜虫"短距空对空导弹	
后期改进型号可挂载	R-27中程空对空导弹	
	R-73短距空对空导弹	
	R-77中程空对空导弹等	
炸弹	两个腹部、两个翼下、两个翼尖挂点，可携带3000千克外挂及不同种类航空炸弹	

米格-21"鱼窝"外观图

时,为了满足这种近乎苛刻的要求,必须采用拥有更大升力设计的三角翼。1958年底,Ye-2正式被定型为米格-21F,1961年航展上,苏联公布了米格-21的存在,向全世界宣告了这个纵横天空几十年的传奇正式诞生。直至1985年,苏联本土的米格-21才正式停产。

米格-21于1953年开始设计,1955年原型机试飞,1958年装备苏军,直到2018年米格-21及其衍生型号仍在全球15个国家中服役。

米格-21研制之时,正是东西方阵营冷战期间,世界局势变幻莫测,谁的武器更强、更多、更快,谁就在国际上有更多的话语权与主动权,米格-21就是在这种环境下诞生的。虽然米格-21机身轻巧、机动性灵活、爬升率高,但彼时苏联电子工业水平还是与西方有较大差距,雷达火控系统较原始,早期型飞机只能挂载两枚性能非常落后的R-3"环礁"空空导弹。这让米格-21早期型在空战中还是使用机炮作为主要武器,限制了其性能的发挥。

所有武器装备的研制都受限于当时特定的内外部环境、科技技术实力以及战术任务指标,武器的研制生产不是时装表演,仅依靠美就可以赢得胜利。除此之外还有个重要因素,那就是各国对于武器的使用逻辑。例如苏联,米格-21、米格-29等轻型战斗机一般作为前线战斗机,不要求很大的航程和武器挂载能力,在较短时间内迅速达到作战区域,利用速度和数量优势抢占战时制空权,保护地面战斗顺利进行是其首要任务,所以苏联武器装备的制造工艺在我们看来似乎不那么精致,甚至有些粗糙。对于苏联来说,武器属于消耗品,以数量取胜,不似欧洲小国追求武器的设计,制造起来少而精,恰似艺术品一般。

当然,不论怎样的战术指导思想,都不能回避米格-21的技术水平欠佳。虽然动力充沛、机动性良好,但空战不是奥运会,某方面数据好不代表一定赢。

评述

三角翼,顾名思义就是飞机的机翼呈三角形。机翼前缘后掠,后缘平

02 两倍声速

直,俯视其平面形状可见其为明显三角形,故称为三角翼。

米格-21在设计之初为了追求高空高速的技战术指标,采用比较容易达到高速性能的三角形机翼设计。这种设计可有效减少飞机超声速飞行时的阻力,但低速时升力相比水平机翼要小,所以飞机在起飞和降落阶段速度很快,安全性不佳。虽然米高扬设计局的工程师们使用更大的钝形前缘布局,但米格-21没有使用前缘机动襟翼,低速性能还是没有得到有效提升。

米格-21系列战斗机机身小巧灵活,机动性强,垂直机动性较高,飞行速度快,结构简单易于维护。但也有许多缺点,如驾驶舱视野较差,所搭载的航空电子设备水平比较落后,导弹瞄准视角很窄且射程很短;没有前缘机动襟翼,只简单粗暴地加装了翼刀用以分流气流不至于翼尖失速;起飞降落性能差,且起降速度过快;飞机制造工艺较粗糙,零件互换率低;由于机身小巧,也受限于机身所携带燃油少,航程较短,留空时间短,作战半径较低,加速时间亦不长。"腿短"也是轻型战斗机的通病,米格-21因为"腿短"的特征还被起了一个很贴切的外号:机场保卫者。可见其航程之短,续航能力之差。在这种条件的限制下,战斗机升空作战首先要考虑自己的燃油存量,把大量心思都放在如何返回机场,一定程度干扰到自身的发挥,这是一个非常致命的缺陷。

设想下,即使飞机满身高科技,挂载了十分先进的武器,拥有特别好的火控系统,但是升空不到半小时就要寻找机场立即降落,不然就会因为燃油耗尽而坠毁,这实在没办法说是一个好飞机。米格-21的有尾三角翼布局有利于大迎角下的操纵性能与高速飞行,且拥有阻力小,强度大等特点,但顾此失彼造成了低空低速性能不佳,不利于中低空域的作战。

虽然米格-21产量惊人、价格低廉,但还是以苏联老旧作战思想为指导,前线战斗机以量制敌,这就必然造成在战时会有大量飞行人员损失。米格-21战斗机较适合大国空军联合作战,在有完整作战体系的联合兵种大规模推进中,给重型高性能战斗机"打下手",为陆军装甲部队的推进起到空中保护作用,

主要改进型号

型号	用途
米格-21F	初期型，装备NR-30机关炮和R-3短距导弹，1959年首飞，生产99架
米格-21F-13	装备R-11F-300发动机。在20世纪80年代曾被美国订购12架，以代替自印尼得到的老旧米格-21F-13，主要用于假想敌空战缠斗教学
米格-21PF	米格-21PF是最初的全天候战斗机型，装备了附面层吹除系统，使用R-11F2-300发动机，在1963年开始装备部队。相对原型机，米格-21PF修改了座舱盖，加大了腹鳍，并将空速管移至进气口的唇部。在1964年至1968年间生产了米格-21PF的出口型，先后分别销往波兰和东德（德意志民主共和国），随后销往华沙条约国的其他国家
米格-21FL	外销版的PFM，使用R-11F-300发动机，直到2005年还有诸多国家使用
米格-21PFS/SPS	加装吹翼系统可缩短起降距离，东德称其为SPS型
米格-21PFM	装备TsD-30TP雷达的PFS改良型
米格-21SPS-K	东德为SPS型进行的改装，修改了机头的进气口和机枪排烟板
米格-21R	米格-21PF同机体的前线侦察机，有背部油箱，航电系统有早期第三代战机的水准
米格-21SM/M/MF	内有GSh-23L机关炮两门，米格-21中生产最多的机体，也曾为苏联主力战机，米格-23投产后逐步被改装成对地攻击机
米格-21PD	米格-21PFM的改型，用于研发垂直起降的试验机，仅制造了两架
米格-21SMT	为了加装大型背部油箱的改型试验机

米格-21顶视图

两倍声速

（续）

型号	用途
米格-21Bis/BisK	大幅现代化的第三代米格-21型战机，1971年首飞，使用R-25-300型发动机
米格-21U/UTI	双座型，最初作为教练机用
米格-21US	U的改良型，天线变更和加装了新的弹射座椅
米格-21U-600	加装更大的尾翼
米格-21K	可用新型空对空导弹R-27R和R-73

米格-21

两倍声速

不太适宜被小国空军当作主力战斗机使用。但事实却恰恰相反,小国空军因军费有限买不起多用途重型战斗机,反而这种苏联的"消耗品"在国际军火市场非常受欢迎。价格低廉、维护简便、可靠性高,这些都是米格-21大受欢迎的原因。

F-104"星"

简单说完了米格-21战斗机,下面让我们来看看它的老对手,F-104"星"战斗机。

F-104,美国"世纪战斗机"系列,由著名的洛克希德公司[⊖]"臭鼬工厂"研制,是世界首型两倍声速战斗机。"臭鼬工厂"这个名字很多人都不会陌生,它是美国航空传奇诞生地,著名的F-117、U-2、SR-71等先进飞机都来自这里。F-104正是由著名飞机大师——"臭鼬工厂"领导者凯利·约翰逊设计,可以说是师出名门,身份显赫。

F-104战斗机的总体设计思想为轻便、灵活、高速,与米格-21趋同,是一款专为空战设计制造的战斗机,跨声速性能尤其突出。为了满足超声速设计需求,F-104使用了又直又薄且中置于机身的梯形翼,后掠角仅26度;机翼使用了极小的相对厚度,仅有2.45展弦比的设计以减低飞行阻力;为了保证机翼既轻薄又要具备足够的结构强度,其材质由实心钢板铣削而成。F-104的机翼前缘厚度仅有0.16英寸(0.41毫米),由于既薄且锐利,很容易造成地勤机务人员被割伤,因此飞机落地保养时会在机翼套设保护罩避免受伤,这种"刀片"机翼设计也被广大军事迷和航空爱好者们津津乐道。

由于机翼过薄,F-104的机翼几乎没有装设其他设备的可用容积,副翼液压缸厚度被限制在1英寸内以便于安装,油箱、起落架等全部装在机身中,这

⊖ 1995年洛克希德公司与马丁·玛丽埃塔公司合并,改称洛克希德·马丁公司。——编者注

F-104 "星"

两倍声速

F-104基本参数

技术数据	首飞:	1954年2月7日
	服役:	1958年1月26日
	退役:	2004年意大利空军的F-104S退役,结束其46年服役期限
	产量:	约2578架
	长度:	16.66米
	翼展:	6.63米
	高度:	4.11米
	翼面积:	18.22米^2
	空重:	6350千克
	最大起飞重量:	13166千克
	发动机:	1台通用电气J79涡喷发动机
	推力:	单台净推力44千牛 单台最大后燃推力69千牛
性能数据	最大速度:	马赫数2.2(2336千米/时)
	爬升率:	240米/秒
	实用升限:	15000米
	最大航程:	2620千米
	作战半径:	680千米
	翼负荷:	510千克/米^2
	推重比:	0.54(型号不同有上下浮动)
武器装备	机炮:	1门20毫米口径M61"火神"机炮,备弹725发
	导弹:	AIM-9"响尾蛇"导弹
	炸弹:	7个机身外挂点,可挂载1800千克不同种类航空炸弹

较量
制空之王

降低了F-104本身的续航能力。为了降低起降速度，F-104还采用了边界层控制技术（亦称"吹气襟翼"），它是世界上第一款采用这种技术的战斗机，前缘襟翼和后缘襟翼联动，用于飞机起降和低速机动。

值得一提的是，米格-21为了防止翼尖失速简单粗暴的使用了翼刀，虽然效果良好，但起降速度和机动性能不好；F-104则使用了前缘机动襟翼，虽然机翼小且薄，但起降性能却比米格-21稍佳，这就是设计和制造实力的体现。

评述

当试飞员列维尔第一次看到F-104时，略带迷惑地问道："这飞机的机翼在哪里？"

F-104"星"为了追求高空高速性能，牺牲了机翼空间，造成机翼过薄过小，没有多余空间容纳更多燃油，制造工艺复杂，造

F-104外观图

价较高,这些导致该型战斗机的产量并不多。

F-104最值得一提的其实还是机翼,一般的飞机都是前缘较钝,后缘较尖,而F-104为了极致追求高速性能,剑走偏锋地采用了双弧形翼型,就是前后缘都尖。这种设计的优点在于进行超声速飞行时可以减少激波,使前缘产生的斜激波代替离体的正激波。但因为前缘很尖,所以极易引起气流分离,导致低速性能很差。这个翼型的选择也是为了实现设计指标,优缺点都相当突出。

此外,由于采用了双弧形翼型,F-104虽然高速性能突出,但亚声速下的稳定性和机动性都非常差,这使F-104在整个服役生涯中一直有较高的事故率,被飞行员戏称为"寡妇制造者"和"飞行棺材"。据统计,F-104战斗机每10万飞行小时坠毁25.2架。以最大采购方德意志联邦国防军空军(简称西德空军)为例,共计采购916架F-104战斗机,飞行损失298架,地面损失6架,造成116名飞行员丧生,其事故率和死亡率之高令人咋舌。不过还有一种说法是,当时西德空军飞行员素质不高,无法掌握先进的F-104最新型,后期西德飞行员到达美国进行培训后,事故率明显降低。

F-104的适用范围为高空高速条件下的截击空战模式,低空亚声速性能较差,需要飞行员有比较高超的驾驶技术。F-104使用的AIM-9B"响尾蛇"空空导弹与苏联的R-3空空导弹性能不分伯仲,双方在火控及瞄准设备方面也是半斤八两。当时雷达技术不完善,需要在3000米以上高空使用导弹才能避免地面杂波干扰,这就等于F-104战斗机在3000米以下空域无法使用导弹对敌攻击。本身低空亚声速性能就很差,再被雷达掣肘,F-104的低空战斗能力极差。

甚爱必大费,多藏必厚亡。战斗机本身就是科技实力的综合体现,一味追求某一项指标从而无法兼顾其他,这样的做法实在不应该。然而任何事物的发展都不能脱离时代,在20世纪五六十年代,世界各国战斗机的研制目标都是不惜一切代价来提升高空高速性能,这是那个时代的局限性,当时人类对飞

主要改进型号

型号	用途
F-104A/NF-104A/QF-104A	F-104战斗机首批生产型号
F-104B	F-104A改装的双座教练型
F-104C	F-104C是A型的战术攻击型,更换J79-GE-7型发动机
F-104D	由B型改进而来,是C型的双座教练型,只生产了21架即停产
F-104F	由F-104D改进而来,是专为西德空军生产的双座教练机。使用J79-GE-11A发动机
F-104G	非正式代号为F-104-7,被称为"超级星",使用J79-GE-11A发动机。更换大量更加先进的航空电子设备,具备超低空高速飞行能力、精确导航和全天候作战能力
CF-104/CF-104D	加拿大授权生产的F-104G/D
F-104J/DJ	日本三菱重工授权生产的F-104G/D
F-104N	专为NASA制造的高速伴随护航机,由F-104G改装
RF-104G	由F-104G改装的战术侦察机
F-104S	主要供给意大利和土耳其空军使用,F-104S是整个F-104系列飞机中当唯一能够发射AIM-7半主动雷达制导空对空导弹进行超视距作战的机型。主要使用国家是意大利,目前已经全部退役
F-104 ASA-M	F-104 ASA-M是F-104S-ASA的空优增强型,由于当时欧洲四国(德国、西班牙、意大利、英国)联合开发EF-2000的计划延迟,意大利空军不得不采取一些过渡措施来维持整体空防力量
其他	还有CL-1200枪骑兵、CL-1600、CL-704 VTOL等衍生试验型号

行器的超声速机动性正处于探索阶段，远程轰炸机和洲际弹道导弹方兴未艾，战斗机的研制设计会受到很多制约。空战模式到底应该是什么样的，怎样与敌方进行制空权的争夺是当时的重要话题。

当时东西双方阵营不约而同地想到首先要打掉对方的远程战略轰炸机，避免己方遭受核打击。如果战斗机飞得又慢又低，就无法对高空巡航的战略轰炸机进行有效打击，高空高速的战斗机战术指标就这样被大家一起抬到桌面。

孰为珪璋

将两型战斗机数据横向比较，不难发现双方都在刻意追求高空高速截击作战模式。时代的局限性和当时的政治环境我们不深入讨论，只看看这两个典型战斗机孰优孰劣。要客观对比两种战斗机，一要看本身的性能，二要看其所携带的武器。

两型飞机的区别

米格-21采用机头进气三角形机翼、水平尾翼的布局，而F-104使用两侧进气T形尾翼的布局，是两种截然不同的设计思路。机头进气的优点是进气效率高，超声速飞行状态下飞行阻力小，但无法装配大尺寸雷达天线，米格-21在后期改进型号米格-21MF中使用了大直径进气锥，这才勉强适度加大了天线尺寸。F-104采用两侧激波锥气口方案，虽然进气效率不如机头进气方案，飞行阻力也稍大，但得益于通用发动机的澎湃动力加持，又有较大空间安装大直径雷达火控系统，可以弥补上述不足，且性能更佳。

二者机翼的选择都不是很成功。前文中我们提到，大后掠角三角翼对超声速飞行有明显优势，但低空低速飞行品质明显下降，米格-21又没有加装前缘机动襟翼，所以起飞降落阶段需要较高的速度来维持升力，这就对飞机及

米格-21MF "大战" F-104C

飞行员的操控提出了更高的要求。F-104使用双弧形机翼，显然也是把重点放在了高空高速上，对高速状态下气流的激波处理很有一套奇思妙想。虽然加装了前缘机动襟翼和襟副翼，还有创新的吹气襟翼，但F-104机翼尺寸很小，升力明显不足，与米格-21的缺陷相同，都没有很好兼顾中低空飞行性能。

在飞行品质上，二者各有千秋。但也有不同看法，比如F-104设计师凯利·约翰逊就说过F-104的机动性要好于米格-21，而米高扬设计局说米格-21是世界最好的战斗机，这里都有明显的"广告"嫌疑。不可否认，二者皆为20世纪60年代战斗机的杰出代表，也正是由于米格-21和F-104的出现，才引出了更先进的下一代制空战斗机：F-16和米格-29。

米格-21还有个很致命的缺陷——"腿短"。机体较小，所载燃油量有限，加之发动机耗油量较大，这些都限制了米格-21的留空时间，"机场保卫者"的称号一直伴随着这型飞机。

好了，现在我们先把飞机的飞行品质放一边，暂且不论盘旋性能、爬升性能及飞行速度等，单是作战半径这一项，米格-21就有些尴尬了。米格-21的作战半径约为270~350千米，这实在是太短了，数据非常难看。作战半径的计算和统计有几种不同的方式，是否携带武器，是否挂载大容量副油箱，飞行模式是高-高-高还是低-高-低等，这些都限制了战斗机的作战半径范围。

纸面数据是一回事，实际作战又是另一回事。作战半径大约相当于飞机转场航程的三分之一，指从起飞到达战区，与敌交战后再返回机场的时间和距离。不管你飞行性能品质有多好，不论你武器设备多先进，飞不过去或是没多久就需要立即返航，这是一件很让人无奈的事情，这仗打得有些窝囊。所以米格-21需要的是机场离前线很近，需要数量足够多的飞机保持升空与敌交战，米格-21的很多经典战例都是"偷袭"对方取胜，这也是米格-21可以采用的为数不多的成熟战术。

再看看对手F-104，也没有优秀到哪里去。

两倍声速

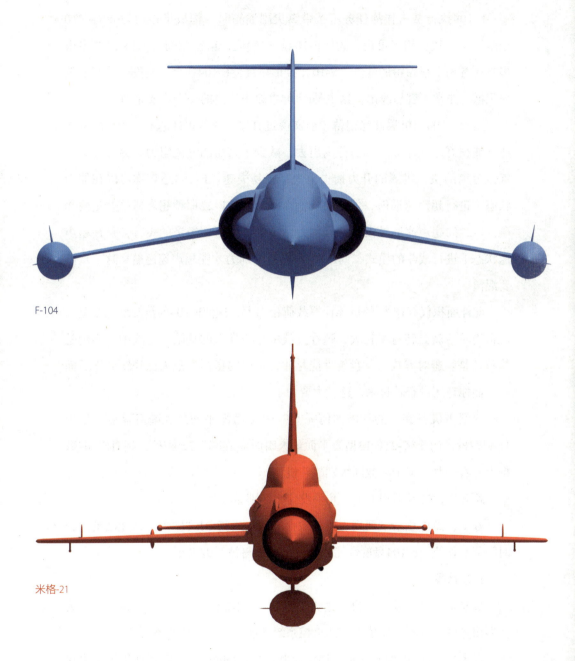

F-104

米格-21

F-104与米格-21机翼下反角直观对比

较量
制空之王

F-104执行截击作战任务不携带翼尖副油箱时，作战半径约为680～710千米，这个数据相当可观，说明F-104航程较远，留空时间比米格-21要多很多。还有一个很独特的地方，F-104的T形尾翼使F-104在大迎角失速状态下效率很低，非常不容易改出，这也是F-104事故率很高的一个重要原因。

因为F-104的机翼前缘很薄，前文说过其厚度仅为0.41毫米，所以高空高速性能很好，气流非常容易分离出去，减少了大量的气流阻力。另一方面，气流分离的快，机翼的升力损失也大，极易失速。F-104还宣称可以在加力状态下进行超声速巡航，但这与我们今天熟知的F-22那种超声速巡航是两码事。F-22的超声速巡航没有打开加力，飞机可以更加经济的飞行，是在超声速状态下进行战斗的模式，而F-104只有打开加力才能超声速巡航，这一点不要混淆。

此外面积仅有18米^{2}的机翼让翼载荷相当大，这使F-104的盘旋性能很差，说得简单些就是转弯半径大，这在空战中是非常大的缺陷。空战中，不论是接敌还是躲避对方攻击，盘旋性能是非常重要的指标。敌人已经绕到你后面了，而你却还没有转过来，这就太要命了。

两型飞机盘旋性能具体如何呢？F-104C型海平面最大瞬时盘旋率仅为15.8度/秒，而米格-21F-13型海平面最大瞬时盘旋率为22度/秒，相对F-104数据上好看一些，强于多数同级别战斗机。

爬升率，二者不相上下，几乎没什么区别。

好了，简单总结下两型飞机的致命缺陷。米格-21"腿短"，无法支持长时间留空作战。F-104盘旋性能差，空战中极易被对方咬尾。

再谈武器。

战斗机的武器要与飞机雷达火控系统一并阐述，因为雷达火控系统是为武器服务的，武器又要依靠雷达火控系统才能工作，二者密不可分。

以米格-21改进型号米格-21MF为例，装备的RP-21火控雷达探测距离接近30千米，跟踪距离不到20千米，俯仰搜索角17.4度，水平30度，可引导

米格-21MF "大战" F-104C

R-3\13M或R-60红外空空弹等。

F-104A型装备的AN/ASG-14雷达火控系统要比相对简陋的苏制雷达好一些，具备搜索、跟踪、自动截获、在敌机干扰条件下被动寻的等多个功能。探测距离没有更突出，对大型目标的探测距离约33千米，当然，这是20世纪五六十年代的技术标准，按照今天的科技水平来衡量实在是简陋了些，不过按照当时的标准算是相当不错了。不要忘记一点，F-104的火控雷达在3000米以下的低空因无法排除地面杂波干扰而无法使用，这又限制了F-104的低空空战能力。

苏制R-3空空导弹与其说与美制AIM-9B基本相当，不如说是它的翻版复刻型号。R-3空空导弹采用红外引导头，射程仅为7千米，后期改进型R-13M的射程可以达到15千米。这种导弹性能较差，只能从尾部打击慢速目标，且非常容易被干扰，空中格斗对付机动性较强的战斗机命中率很低，只能对敌方轰炸机等大型目标具有一定威胁。

最后说说二者应该使用什么战术来作战。

对于米格-21来讲，超声速性能比较突出，但因"腿短"，最佳的作战方式是伺机而动，瞬间接敌偷袭，然后利用其速度快的优势迅速脱离战场。而F-104则应避免与对手进行低空格斗，利用加速和垂直性能好的特点，充分发挥火控雷达优势，在中高空较远距离使用导弹击杀目标。双方相遇的情况下，米格-21比F-104盘旋性能好，有很大概率绕到F-104身后对其进行攻击。

武器的运用要靠本身性能与适合的战术相结合，才能发挥出最大战斗力。两型飞机都有致命缺陷，本身又有较突出的优点，倘若双方都能在自己不犯错的情况下相遇，空战结果还确实不太好说。换一种说法，谁都没有把握完全压制对方，还是要靠地面指挥员与飞行员的配合以及恰当的战术支撑来赢得战斗。

03

较量
制空之王

能量
机动

米格-29"支点"

"机场保卫者""第聂伯河之燕"、联盟忠诚的守卫者,轻巧如燕,敏捷似鹰,外形流畅的空战高手;南联盟夜空中的烟花,伊拉克沙漠中的独狼,范堡罗航展上"尾冲"也掩盖不掉的浓烟;褒贬不一,毁誉参半,这就是苏联经典战斗机:米格-29"支点"。

说起对米格-29的第一印象,很多朋友都会想到1989年6月8日的法国巴黎航展。当地时间13时44分,正在进行飞行表演的苏联米高扬设计局的米格-29战斗机机身突然窜出火苗,一个倒栽葱坠毁在地面,后来查明事故原因是米格-29遭遇撞鸟。虽然折翅巴黎,但米格-29以其强大的飞行性能和令人惊艳的飞行表演让世人瞩目,一代名机就以这种跌跌撞撞的状态闪亮登场了。

20世纪60年代末至20世纪70年代初,美国F-14、F-15、F-16等新一代战机相继面世,这使苏联军方的压力陡然而增。现役装备无法与美国最新战机抗衡,苏联军事工业委员会做出研制新型远景歼击机[一](PAK FA)的决议,并要求航空工业部所属设计局拿出方案展开竞争。

美国空军首先提出了战斗机轻重搭配的概念,并开始研制F-16战斗机。20世纪70年代初期,米高扬设计局的米格-29、雅克设计局的雅克-47、苏霍伊设计局的苏-27三种飞机参与竞争,后因雅克-47的性能与现实要求差距太

[一] 苏联所说的歼击机即我们通常所说的战斗机。——编者注

米格-29"支点"

大，退出最后的竞争。恰好米格-29属轻型歼击机，苏-27为重型歼击机，轻重搭配的局面已经形成，苏联军方和工业部门也是考虑到两大设计局之间微妙的竞争与合作关系，最终决定米格-29与苏-27一起研制，两型战机一同进入部队服役。

正在苏联如火如荼的竞争新型远景歼击机时，美国轻型LWF战斗机计划的F-16战斗机走进苏联视野，这也坚定了苏联发展两型飞机轻重搭配的思路和决心。1974年6月，苏共中央和部长会议出台了《关于1975年至1980年期间军用航空技术装备的发展及保证装备研制的附加能力建设》政府决议，实际上就是苏-27和米格-29生产计划的正式批准文件。苏-27定位为夺取空中优势的前线歼击/截击机，米格-29为轻型前线歼击机（亦可称为战斗机）。

1977年10月6日，苏霍伊设计局的苏-27原型机首飞不到5个月，米高扬设计局的米格-29原型机也首飞成功。在几年的定型试飞之后，

米格-29基本参数

技术数据	长度:	17.32米
	翼展:	11.36米
	高度:	4.73米
	翼面积:	35.2米²（后期改进型号翼面积略有变化）
	空重:	11000千克
	最大起飞重量:	20000千克
	燃油容量:	3500千克
	发动机:	2台克里莫夫RD-33涡扇发动机
	最大速度:	马赫数2.25（2400千米/时）
	最大航程:	1500千米
	实用升限:	18000米
	过载:	9
	爬升率:	330米/秒
	机翼载荷:	403千克/米²
	推重比:	1.09
主武器	航炮:	1门30毫米口径GSh-301自动加农炮，备弹150发
	挂载点:	7个挂载点（6个机翼下，1个机身中线）
火箭弹	S-5航空火箭弹	
	S-8航空火箭弹	
	S-24航空火箭弹	
导弹	R-60短距空对空导弹	
	R-27中程空对空导弹	
	R-73短距空对空导弹	
	R-77中程空对空导弹（仅限米格-29S、米格-29M/M2和米格-29K）	
炸弹	6枚665千克航空炸弹	

米格-29外观图

1982年米格-29正式装备部队，一代名机，振翅高飞。

评述

米格-29战斗机的大名如雷贯耳，北约按惯例为其命名为："支点"。与大名鼎鼎的苏-27一样，两型飞机都是在1977年首飞，不过幸运的是，米格-29从设计到服役没有经历苏-27如同脱胎换骨般的大改。首先，米高扬设计局在战斗机设计领域确实比苏霍伊设计局更成熟，技术起点高，设计力量储备资源更丰富。苏霍伊设计局在重型战斗机研制经验上没有米高扬设计局那种高度，导致初版方案达不到技战术指标要求。

不过米格-29也有自身的问题，它没有采用当时已经成熟的电传操纵系统，依然使用相对老旧的机械液压控制。这不能简单归结于米高扬设计局的设计和工程能力问题，更多还是一种取舍。机械液压控制系统成熟可靠，在那个计算机并不十分先进的年代，不能说机械液压操纵就等于落后。米格-29的定位是前线战斗机，利用数量庞大的轻型战斗机对敌方近距空中目标进行攻击，以达到夺取制空权的目的。这种战术需要制造数量很多的战斗机才能满足需求，数量多那么成本就不能过分昂贵，否则预算无法支撑。使用成熟可靠、价格低廉的设计方案和制造工艺，可以有效降低生产与维护成本，这是一种很现实的做法，在价格上机械液压控制系统与电传操纵系统还是有不小差距的。

根据米高扬设计局的说法，虽然米格-29使用机械液压控制系统，但机动性并不低于甚至高过西方同类型战机。不过这也仅是米高扬设计局的一面之词罢了，我们平日里看新闻和资料，绝不能听信任意一方的一面之词，还是要统筹综合考虑。米格-29在大迎角机动性和盘旋机动性上确实很不错，不过机械液压控制系统对飞行员来说并不友好，需要很多操作才能使飞机做出想要做出的动作，对飞行员的飞行负担很大。

这里举一个比较典型的例子来说明两者之间的不同。假设飞机需要向左

能量机动

侧转弯飞行，传统的机械液压控制系统需要先将操纵杆向左，这时飞机的右侧会迎接很大的顶头风，飞机的阻力陡然增大，升力就会下降。此外，飞行员需要在操纵杆向左的同时蹬左方向舵，防止飞机侧滑以保持升力。与此同时，飞行员还要在飞机座舱内随时观察仪器仪表等设备，及时掌握飞行姿态的变化，还要实时观察敌情，开启或选择武器，各种操纵目不暇接极其复杂，严重削弱了飞行员的战斗精力。

倘若换成电传操纵系统那就简单多了，飞行员只需要操纵杆向左，剩下的事全部由计算机接管。这使飞行员的负担大大减少，注意力可放在对敌交战上，飞行员就像在操纵一架"傻瓜式"战斗机一样，这在实战中的作用不可忽视。

以上仅是一个很不起眼的小操纵而已，实战中的操纵要更多。可想而知，飞行员在使用机械液压控制系统空战时，是一种怎样的"手忙脚乱"。

此外，米格-29作为前线战斗机，不要求其使用时间很长，整个飞行时间仅为2500小时左右（北约战斗机多数在6000小时），这也使得米格-29这种"廉价"战斗机没有必要装备昂贵的系统。直到20世纪90年代，米格-29M及最新的改进型号米格-35才使用了电传操纵系统，但这对整个米格-29家族来讲已经太晚了，也许只是对外销市场会有些效果而已。

我们再谈谈米格-29的雷达火控系统。战斗机的雷达火控系统等于飞机的眼睛和大脑，对飞机作战性能起到至关重要的作用。米格-29早期装备N-019脉冲多普勒雷达，对头探测距离70千米，尾追35千米，虽然号称可以同时追踪10个目标，但只能引导半主动雷达制导导弹攻击其中的1个目标。对地面及飞机下半球俯视探测时，极易受地面杂波干扰，信号的衰减非常严重，这型雷达性能显然无法满足军方需求。后期米格-29S型换装了N-019M型雷达，性能依旧差强人意。直到最新改型装备的N-010M雷达才达到了军方要求，但这已经是很多年后的事了。

这样看来似乎米格-29的性能很差，但其实是相对的。在中远距离的交战中，米格-29相对同类型西方战机确实没有什么优势，但不要忘了它的属性：前线战斗机。顾名思义，这是一款为了在近距夺取制空权的空战专用战斗机，俗称"狗斗机"。米格-29的盘旋性能和大迎角性能较突出，在近距空战机动性上有一定优势，加上两台RD-33发动机的加持，使西方任何对手都不敢小瞧米格-29的空战机动能力。

还有一个独特点，米格-29采用了ZSh-3UM头盔瞄准具，正所谓"指哪打哪"，在当时的战斗机配置中，这可以说是一项独门秘籍般的存在。有了头盔瞄准具和先进的R-73近距红外空空导弹，米高扬设计局宣称米格-29在近距格斗中鲜有对手，哪怕是西方较先进的F-16也不敢小觑其性能，再加上IRST光学雷达，使米格-29的近距格斗性能同一众同类型战机相比非常突出。

因为是前线战斗机，米格-29设计之初就采用了中小型机身和双发布局，这就带来了苏联轻型战斗机普遍存在的一个问题：航程短。米格-29标准航程仅为1500千米，即使加挂三个副油箱航程也才2900千米，这大大限制了米格-29的作战能力。

米格-29战斗机是一款近距格斗能力突出，但中远距离作战很弱的轻型战机。因航程限制，无法进行较远距离空中拦截作战，严重依赖前线机场；因火控雷达系统性能较差，空中目标探测跟踪能力亦较差。但米格-29机动性强，又有头盔瞄准具、IRST光学雷达及R-73导弹的加持，近距格斗空战能力不逊于同类型战机。

两德统一后，北约飞行员终于有机会驾驶米格-29进行模拟空战演练。北约飞行员对米格-29的航空电子设备和座舱仪器仪表的认可度非常低，甚至将其形容为简陋，但米格-29的近距格斗能力给北约飞行员留下了极为深刻的印象，并感叹道："没有人想要与这型战机进行空战。"当然，这也许是北约飞行员的恭维之词，但米格-29确实为近距空战好手，在世界战斗机大家庭中留下了浓墨重彩的一笔。

以上的阐述中出现了一个您可能会产生疑问的地方，这里必须解释清楚。米格-29受限于较小的机体，双发布置又会增加燃料的损耗，航空电子雷达火控系统较弱，为什么苏联空军要装备它呢？为什么不多多装备性能更优异、航程更大、挂载能力更强的苏-27呢？

众所周知，米格-29战斗机的研制背景处于东西方冷战期间，当时美国已经出现了F-15、F-16两型战斗机轻重搭配的概念和作战方式。苏联空军要想维持空军部队的规模就需要一定数量的战机，大家都知道重型苏-27更好，但经费毕竟有限，苏-27造价高昂使得装备数量不会非常多，为了维持一定数量的机群，就需要一种造价相对低廉且性能足够的机型来支撑。重型远程战斗机保持航程优势，可消灭、拦截敌方战略轰炸机等作战飞机，短距轻型飞机对敌方的"漏网之鱼"进行打击，保持数量优势支援地面行动。如果全部采购苏-27这种高档机，那么势必数量很少，作战时难免捉襟见肘，米格-29这种"打下手"的轻型前线战斗机就此应运而生。飞机的性能是与作战任务使命相关的，这就是轻重搭配的概念。所以米格-29即使存在这样那样的不足，但能满足部队需要，就是好飞机。不过米格-29的"廉价"是相对于重型苏-27来说的，米格-29目前市场价格为4000万美元一架，价格也不低。

现在的米格-29战斗机已经成系列化、家族化，改型颇多，甚至有海军航空兵的舰载版。俄罗斯"雨燕"飞行表演队也使用米格-29飞机，这也说明此款飞机的性能相当优秀。米格-29也是苏联（俄罗斯）的畅销机型，国际军购市场表现良好，服役数量巨大，深受许多国家空军欢迎。

俄罗斯"雨燕"飞行表演队

能量机动

米格-29主要改进型号

型号	用途
米格-29A	1983年服役的最初型号
米格-29B	华约国家成员国的外销版本
米格-29G/GT	米格-29G为东德空军机型，米格29GT为米格-29UB的西德空军版本
米格-29UB	米格-29的教练型号
米格-29S	换装N-019ME雷达，与初期版本相比，可同时跟踪10个目标并打击其中2个目标
米格-29SE	米格-29S的外销版本
米格-29SD	与米格-29SE相似，区别很小
米格-29N	就是米格-29SD的马来西亚版本，单座机为米格-29N，双座型号为米格-29NUB
米格-29SM	米格-29S的升级版本，可挂载空地导弹和激光制导炸弹
米格-29AS/UBS	米格-29S的斯洛伐克空军版本
米格-29BM	白俄罗斯的升级版本，类似米格-29SMT
米格-29MU1	乌克兰改装版本
米格-29Sniper	以色列为罗马尼亚空军升级版本
米格-29M/33	米格-29S的大幅升级版本。更换RD-33K发动机，增加载弹量和机内油箱，挂点增加至8个
米格-29UBM	双座型米格-29M
米格-29SMT	早期米格-29的升级版。更换RD-43发动机，升级为米格-29M配置
米格-29K	米格-29的舰载版
米格-29UBT	米格-29UB升级为SMT水平
米格-29M2	双座战斗轰炸机，计划的米格-29M1没有制造
米格-29OVT	矢量推力发动机试验型号
米格-29UPG	印度空军米格-29B和米格-29UB升级版
米格-35	米格-29系列最后型号，全方位升级，航电设备大幅升级后被称为米格-29系列中唯一可执行独立作战任务的机型

米格-29

03 能量机动

F-16"战隼"

2003年3月,伊拉克战争爆发。美军地面部队对伊拉克持续的攻击并没有像1991年海湾战争时期那般"速战速决",地面部队对空中支援的需求相当迫切。

在美军所谓的"伊拉克自由行动"第十天,美国空军飞行员爱德华·林奇中校正驾驶F-16战斗机于伊拉克上空巡逻飞行,他的任务是时刻观察地面目标并保持威慑,对地面己方部队进行空中支援行动。突然一则信息传达到林奇中校的飞机座舱中,一支地面部队遭遇挫折,希望他尽快赶到支援。10分钟后,林奇中校和他的僚机顺利抵达目标上空,原来是25名英国特种兵被几百名伊拉克部队包围,英国特种部队的情况岌岌可危。当晚地面漆黑一片,由于英国特种部队无法提供敌我双方的准确位置,为了不引起友军伤亡,林奇中校告知地面部队无法实施攻击。地面情况继续恶化,英国特种部队面临着崩溃的危险。战机已经临空,不攻击敌人就会使己方陷入危机,盲目攻击又会造成不可预测的伤亡,英国特种部队命悬一线。

在此千钧一发之际,林奇中校突发奇想。他驾驶F-16加力俯冲进入超声速飞行,随后瞬间拉起,这时F-16的通用F-110发动机咆哮着,产生至少3万磅(1磅=0.45千克)巨大推力。战机音爆的噪音充斥着伊拉克上空,伊拉克部队误以为是美军战机投下了什么武器。林奇中校还没有确认自己的"音爆攻击"是否奏效,一枚伊拉克地空导弹就呼啸着直奔他的战机袭来。林奇中校竭尽所能加速摆脱,经过一阵让人窒息的操纵之后,地空导弹失去了目标,林奇中校的自救成功了。

林奇中校回忆这段传奇般的经历时说:"F-16战机的机动性能够使你安全逃逸,只要我驾驶F-16就有能力摆脱伊拉克的高炮或者萨姆导弹的攻击。近距离的空中支援通常不是我们的任务,但F-16证明了自己有执行各类型近距

能量机动

离空中支援的能力。"当然,英国特种部队最后成功突破了包围圈,这里面肯定有林奇中校"音爆攻击"的功劳。

F-16"战隼"轻型战斗机,是林奇中校可靠的座驾和忠诚的战友。这型战斗机的出现,曾经迫使苏联苏霍伊设计局对传奇战斗机苏-27进行了大刀阔斧的改进,说苏-27借鉴了F-16的设计一点不为过,连苏-27总设计师西蒙诺夫都毫不掩饰地表达过F-16对苏-27改进型的深远影响。与其说苏-27是为了赶超其对标的美国F-15,不如说是学习F-16先进设计理念之后的现实体现。

F-16"战隼"是美国通用动力公司为美国空军研发的战斗机,官方首飞日期为1974年2月2日,是一种单发动机多用途轻型战斗机。它创新性地采用了气泡式无框一体化座舱盖、翼身融合体设计、测杆操纵、单垂尾、弹射座椅与机身呈30度角安装,大大减少了飞行中产生的过载对飞行员身体的影响。首次采用了静不稳定设计和电传操纵系统等一系列先进装置。

F-16的官方正式名称为"战隼"(Fighting Falcon),但飞行员们更喜欢将其爱称为"蝰蛇"(Viper),因为F-16与当时美国热播的殖民毒蛇星际战斗机相似。除了在美国空军、空军预备役司令部和空军国民警卫队部队中服役外,这型飞机还被美国空军雷鸟飞行表演队使用,并被美国海军假想敌战机采用,还外销多个国家的空军中服役。

经过20世纪六七十年代越南战争洗礼的美国海空军,已经明确了下一代战机需要优异的中低空格斗能力,摒弃了二代战机高空高速的作战思维,F-X计划推出了制空能力十分强悍的F-15"鹰"式重型战斗机。

以"战斗机黑手党"著称的博伊德上校和他志同道合的朋友们提出了著名的"能量机动理论"这一创造性的概念,它的主要思想是以大推力发动机为主,增加推重比、实现飞机轻型化等,以提高空战中的战斗能力。美国空军在这些理论的影响下提出了F-XX计划,这就是LWF战机,高低搭配的概念自此形成。

较量
制空之王

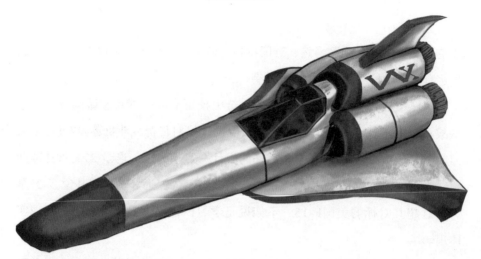

毒蛇星际战斗机

F-16外观图

能量机动

F-16基本参数

技术数据	长度：	15.06米
	翼展：	9.96米
	高度：	4.9米
	翼面积：	28米²
	空重：	8573千克
	最大起飞重量：	19187千克
	燃料容量：	3200千克
	发动机：	1台通用电气F110-GE-129加力涡轮风扇发动机（用于Block 50版本）
	最大速度：	马赫数2.05（2175千米/时）
	作战半径：	制空任务约900千米；对地攻击任务，根据任务及挂载不同，400～1000千米
	航程：	4217千米
	升限：	18000米
	过载：	9
	滚转率：	324度/秒
	翼载荷：	431千克/米²
武器	航炮：	1×20毫米口径M61A1机炮，备弹511发
	挂点：	2个翼尖空对空导弹发射轨道，6个翼下和3个机身下挂架，重量7700千克
导弹	空对空导弹	AIM-9"响尾蛇"短距空对空导弹
		AIM-120 AMRAAM先进中距空对空导弹
	空对地导弹	AGM-65
		AGM-88
		AGM-158联合空对地防区外导弹
		AGM-154联合防区外武器
	反舰导弹	AGM-84
		AGM-119
炸弹	CBU-87、CBU-89、CBU-97	
	Mk82、Mk83、Mk84	
	GBU-39小直径炸弹	
	GBU-10、GBU-12、GBU-24、GBU-27	
	联合直接攻击弹药（JDAM）	
	B-61核弹	
	B-83核弹	
其他	SUU-42A/A照明弹/红外诱饵发射器吊舱和箔条吊舱	
	AN/ALQ-131和AN/ALQ-184 ECM吊舱	
	AN/ASQ-213 HARM瞄准系统（HTS）吊舱	
航空电子设备	AN/APG-68雷达	
	MIL-STD-1553总线	

较量
制空之王

经过与诺斯洛普公司YF-17竞争后，YF-16脱颖而出获得了美国空军的青睐，而YF-17经过改进，演变成了现今的F/A-18"大黄蜂"系列战机。

前文中我们提到过是F-16的出现，迫使一代名机苏-27进行了大刀阔斧的改进，那么F-16是怎样影响苏-27的研发改进呢？

根据苏霍伊设计局元老萨莫伊洛维奇的说法，一开始是YF-16引起了苏霍伊设计局极大的关注，它在很多方面与苏-27飞机具有相似特征，如使用翼身融合体布局、头部边条形状、减小了纵向静稳定度、采用电传操纵系统等。但是，与苏-27和F-15飞机又有所不同的是，YF-16飞机具有增升装置，安装了前缘机动襟翼，在电传操纵系统里加入了机动襟翼偏转控制律，并可以随飞行马赫数和迎角变化而自动变化，成为自适应机翼。与固定弯扭的机翼前缘相比，前缘机动襟翼可以使F-16机翼失速迎角延迟到足够大。

苏-27型号总设计师西蒙诺夫仔细研究了F-16的翼尖导弹发射装置，并以此对苏-27原型机T-10-1进行理论性研究探索。苏-27原型机T-10-1使用弧形机翼前缘，没有使用前缘机动襟翼，飞机在试飞中出现了严重的抖动。苏-27原型机的机翼装有陈旧的翼刀，为了解决气流翼尖失速问题，笨重且落后，还有严重占用重量且毫无作战意义的机翼防颤振配重。

苏-27原型机设计方案在苏联军方审评会上被认为需要改进之后，西蒙诺夫首先对苏-27的机翼进行改进，参考了F-16这种带有前缘机动襟翼和翼尖挂架的设计方案。翼尖挂架不但可以发射导弹，更是一个机翼配重，这样就可以去掉原来的防颤振配重，良好地解决了苏-27飞机翼尖抖动的情况。不可否认苏联苏霍伊设计局的设计力量还是很强大的，即使是没有参考的情况下，对苏-27产生的各种问题也能比较彻底地解决，但那需要大量的时间去测试和设计。F-16对苏-27改进型方案的设计起到了指导性作用，正是因为苏-27原始设计中没有采用前缘机动襟翼和翼尖挂架，才会出现仰角机动性不佳和机翼抖动等一系列问题。

03 能量机动

苏-27原型机T-10-1

在媒体上刚出现有关YF-16飞机布局特点的信息资料后，苏霍伊设计局立刻开始研究在苏-27飞机上采用类似布局。据苏霍伊设计局第二设计室主管设计师米哈伊洛娃回忆：

"在T-10这个项目上，我们完成了很多专题的吹风试验研究。只要有人提出合理的新想法，得到巴斯拉夫斯基批准后，我们就排除一切困难，在中央空气流体动力研究院进行吹风试验。设计局几乎没有设置什么条件阻碍新方案的出现。例如，早在切尔尼亚科夫担任型号总设计师时，我们就对直前缘机翼和采用前缘机动襟翼的布局方案进行过吹风试验。我们拿出在T106风洞进行过吹风试验的老模型换上新机翼，然后进行吹风试验。所以当我们知道YF-16和YF-17飞机采用了类似气动布局后，看上一眼我们就能明白其中的道理。"

1976年后，西蒙诺夫成了苏-27项目的领导者，首先对苏-27的机翼开始进行改进，F-16翼尖挂架的方案再次被拿到桌面。可以说苏-27最重要的改进方向就是前缘机动襟翼和翼尖挂架，这两项全部参考于F-16，F-16的研制信息是西蒙诺夫改进苏-27最重要的参考对象。

虽然不能简单归结于苏-27"抄袭"YF-16，但对YF-16的借鉴也是不容回避的。西蒙诺夫本人对此看法也很明确，世界各国军事装备研发灵感都不会仅局限于本国产品，向国外同行学习也是很正常的事，学习不是抄袭，每架飞机每个产品的总体设计还是有相当大的不同，不能武断地直接说是谁抄袭了谁。思路可以参考借鉴，但实际效果还需要本国科技研发人员经过大量数据计算验证才行。正如西蒙诺夫本人描述的那样，美国YF-16对苏-27的改进产生了重大的影响。也可以这么说，没有美国YF-16的问世，苏-27也许依然在低谷中举步维艰，而苏联新式远景歼击机也许还要走很长的改进道路，也就没有后来那么辉煌庞大的新苏-27家族。

阐述上述史实，目的在于让我们更加了解F-16战斗机的先进性与创新性，被苏-27借鉴学习的飞机不可能是不优秀的型号。

经过"脱胎换骨",借鉴F-16设计后的苏-27改进型号

较量
制空之王

F-16与苏-27的故事还有很多，比如我们大家耳熟能详的"巴伦支海事件"中，挪威P-3B与苏-27相撞后，挪威空军迎接P-3B的就是F-16。

还有一个鲜为人知的小故事，这里分享给大家。

1989年夏天，苏霍伊设计局组建了T-10PU-5（苏-30前身）联合试飞队，设计局领导任命连涅夫为队长，开始用T-10PU-5进行环绕苏联的航线飞行试验。第一组试飞员列夫诺夫，领航员伊万诺夫，他们从黑海专用水区机场进行训练，然后在8月转场到位于北方的基尔-亚夫尔机场。在那里完成了A-723远距导航雷达的第一次调试飞行，并进入到斯堪的纳维亚半岛国际水域上空。在此地区飞行时发生了一件有趣的事情，据连涅夫回忆：

在这次飞行前，我们已经提前向沿线各国提出声明并协调好，达成了航线飞行协议。这期间正好是北方的极昼，太阳一直不下山。航空兵团搞"夜航"飞行训练，我们则正好可以白天起飞，互不干扰。列夫诺夫和伊万诺夫两人驾驶T-10PU-5飞机起飞了，同他们一起起飞的还有航空兵团飞行员尼奇布连科，他驾驶一架苏-27飞机紧随其后。他们一开始向北飞行，航路点大约位于"共青团员"号核潜艇沉没的海域，我们有一个分舰队驻扎在那里。飞行到那里时，列夫诺夫应当降低飞行高度，让分舰队上的人员能够用肉眼识别出飞机，然后再离开，向西南方向的挪威海域飞行，而尼奇布连科则应在高处绕圈飞行，作为中继飞机。

飞机飞走了，机场上一片寂静，寂静的只能听到偶尔的鸟叫声。天气炎热，时间充足，我信步走上周围的小山岗，在那里可以俯瞰整个机场，也能看到海里的船只。我正走着，突然听到起动机发动的声音，紧接着是发动机的轰鸣声。这是怎么回事？我清楚地记得，按照飞行计划，只有夜间才安排飞行。我想，这大概是在对飞机进行技术维护。但我错了，第二台发动机也起动了。两架飞机同时在跑道上滑行，随后升空，并且各自悬挂了10枚导弹。我感到不安，赶紧朝指挥部走去，边走边打听，发生了什么事？有人告

能量机动

诉我:"尼奇布连科报告,挪威飞机正在'引走'列夫诺夫驾驶的飞机,而他正驾驶苏-27进行尾随。我们又起飞了两架苏-27飞机,替换尼奇布连科。"我有点糊涂了,怎么会这样,出什么岔子了?我站在指挥部内,仔细听着无线电交换机内的报告,现在还联系不上列夫诺夫。后起飞的两架飞机飞到会合地点后,建立起无线电通信联系并告诉我们,T-10PU-5飞机一切正常,他们已经开始返航。列夫诺夫的飞机在我们飞机的护航下,通过了跑道上空,然后正常着陆。此后,大家的心情才平静下来。

列夫诺夫是这样回忆这段小插曲的:

到达航路点上空后,我开始询问:"看见我们了吗?"他们回答:"我们这里云底高30米,目视看不见,但在雷达屏幕上看见你们了,一切正常。"尼奇布连科仍然停留在上空,进行通信中继,我们则向西南方向飞行。在返回时,我从驾驶舱内向舱外左侧张望,突然发现近在咫尺的挪威空军F-16战斗机,座舱内的飞行员面带微笑,向我挥手,然后在我的通信频道内喊道:"5号,5号,请跟随我(five,five,fly for me)。"我真是没有一点儿思想准备!我问领航员,他的后舱座位比我高,看得更远:"萨沙(伊万诺夫),出什么事了?"他说:"向右看。"我向右一看,那里还有一架F-16战斗机正在向我靠近。我向尼奇布连科通报了情况,然后继续沿原来航线飞行。尼奇布连科向指挥部报告:"列夫诺夫被挪威飞机引领,我跟在他们后面。"后来升空的两架苏-27飞机替换他后,尼奇布连科对我说:"热尼亚(列夫诺夫),一直向前飞,不要转弯,我3分钟就飞过去。"当天天空阳光充足,天气寒冷,能够看得很远。所以,我实际上已经看到了迎面飞来飞机的尾迹。尼奇布连科飞过来后,转了个弯,在F-16飞机的后半球后,向我喊话:"热尼亚,你只管向前飞,我去和他们比划比划。"随后他又对我们说:"我要放开速度飞了,F-16在这样的高度连开加力状态都保持不住速度,挪威飞机的队形也保持不住。在这样的高度他们不能把我们的苏-27飞机怎么样,我把他们引到下面去，然后转圈飞行，同他们模拟空中缠斗。当时各国飞行员都有默契，只要对方飞机第一个进入到你飞机的后半球，到达1500米的距离并能保持住，那就毫无争议地获胜了。"最后，尼奇布连科咬住了F-16的尾巴，然后，双方飞机就各自散去了。

当然，这只是苏-27与F-16在国际空域的一次小插曲，当时的飞机为苏-27双座型号，也就是苏-30战机的前身，正在进行大航程飞行试验。这种试飞试验没有携带武器，不开启对空火控雷达等设备，可以说几乎没有任何空战能力。如果是真实作战，双方的早期预警雷达和预警机等探测手段不会那么轻易让对方目标进入目视范围之内，电子对抗也会同步进行。至于回忆中描述的模拟空中缠斗，更是苏-27飞行员的一厢情愿，咬住F-16机尾或者双方对抗结果之类，这种冷战时期东西方阵营各自鼓舞士气的"故事"我们听听就好，不必当真。例如西方媒体在讲述海湾战争时，都会把伊拉克部队渲染成世界上最有威胁、战斗力最强的部队，伊拉克首都巴格达更是被说成世界上最危险的城市，防空最严的首都。后来我们知道，伊拉克军队完全不是多国部队的对手，巴格达的防空能力也相当孱弱。宣传还是要有的，夸大其词也是常态，把对手说成厉害的角色以显示自己很强，此类鼓舞士气的言论还有不少，其后章节中我们会正面阐述"眼镜蛇机动"和过失速机动的意义，这里还是要再谈谈F-16。

细心的读者可能已经看到，F-16首飞日期我们用了"官方首飞日期"这个不寻常的说法，首飞日期还有非官方的吗？有，F-16的首飞还有这样一桩趣事：

1974年1月20日，美国爱德华兹空军基地，通用动力公司试飞员操作YF-16正在进行首飞前的高速滑跑试验。飞机在跑道上高速滑行时，YF-16突然失控，右侧机翼和平尾擦到了地面。试飞员竭力控制飞机，拉起机头开始爬升，YF-16这时已经离开地面起飞了，在试飞员娴熟地控制下，YF-16盘旋

T-10PU-5 "大战" F-16

降落，这也是真正意义上的首飞，但没有被官方承认，官方认定的首飞日期为1974年2月2日。这次事故原因很快被查明，是软件方面的故障，不久后就被顺利排除了。

好莱坞大片《深入敌后》家喻户晓，著名影星欧文·威尔逊扮演的美国海军舰载机飞行员克里斯驾驶F/A-18F战斗机，在南联盟上空被击落后又被成功营救的精彩故事让人眼花缭乱。但电影毕竟是电影，演绎得越精彩我们越想知道是否有真实事件为依据。答案是肯定的，但这是有关F-16的真实事件，没有F/A-18F。

1995年6月2日，意大利阿维亚诺空军基地，美国空军上尉斯科特·奥格雷迪娴熟地钻进他的座机F-16C。这是一次例行"禁飞区"巡逻任务，不出意外的话，三个多小时后奥格雷迪任务就可以结束去喝咖啡休息了。鲍勃·莱特上尉驾驶另一架同型F-16C与奥格雷迪上尉快速升空，直奔亚得里亚海方向飞去。

下午三点，两架F-16C战斗机已经飞临萨拉热窝以北150千米处，即波黑西北部比哈奇和班加卢卡南部塞族控制区上空。当时飞行高度8000米，两名飞行员的飞行任务平淡无奇又有些无聊。突然，F-16C驾驶舱报警声大作，奥格雷迪当即反应过来，这是飞机被雷达跟踪与锁定的报警声。当天的天气情况很差，云非常厚，F-16C的腹部还是雷达告警盲区，留给奥格雷迪的时间不多了，两枚苏制SA-6（萨姆-6）型地空导弹朝奥格雷迪猛冲而来。如果在正常情况下，奥格雷迪驾驶F-16C完全可以对SA-6进行机动规避和施放干扰弹等防御措施，过时的SA-6击中F-16C的可能性不是很高。但当时地空导弹利用了发射角度以下打上专门朝着F-16C机腹的方向，再加上云层很厚、两名飞行员的警惕性不高等因素，顺利咬住了奥格雷迪。嘭，F-16C被击中了，飞机被炸为两截，奥格雷迪迅速拉起弹射座椅拉环，逃出了飞机顺利降落。多亏SA-6导弹是近炸引信，没有整体钻进飞机之内爆炸，飞机虽然解体，但没有当场爆炸，不然奥格雷迪能否逃出就是另一回事了。

能量机动

在旁边飞行的莱特上尉目睹了战友的飞机被击中坠毁，但因为云层太厚，在F-16C向地面俯冲的时候就已经钻进了云里，莱特上尉不确定奥格雷迪是否弹射出来。当时的状况下，莱特上尉什么都做不了，只能记录下过程便返航回去了。

奥格雷迪降落在一片陌生的草丛中，他没有时间思考，径直向前方的树林跑去。当塞族武装人员发现自己的导弹击落了美国飞机后，他们驱车跟随远处飘落的降落伞寻找飞行员。搜索队伍对奥格雷迪大致降落区域进行了大规模搜查，有时候塞族武装人员与隐蔽躲藏的奥格雷迪仅有几米之遥，还好他并没有被发现。

一连5天，奥格雷迪靠着很少的随身食物和雨水度日。在美国空军受训时，奥格雷迪和众多美国飞行员一样都接受过严格的野外生存训练，这使得他可以利用自然条件生存下来。当然，在自救的同时，奥格雷迪也在积极想办法让战友们知道自己的所处位置信息以便救援，他随身携带的PRC-112微型电台虽然只有7小时电量，但节省使用还是够用的。奥格雷迪全力寻找一个方便已方寻找自己又安全可靠的地点，几天时间内，他的微型电台没有持续开机以节省电量。终于，美国情报部门收到了断断续续的电台信息，他们确信奥格雷迪还活着。鉴于那些微弱信号还不足以获取详细信息，所以北约调动了空军侦察机对奥格雷迪坠机地点进行了反复搜索。美国甚至还动用了由中央情报局控制的代号为"漩涡"和"酒瓶"的总价值8亿美元的间谍卫星参与搜救行动，后期又动用了KH-11和"长曲棍球"侦察卫星进行更仔细的寻找。

奥格雷迪心里非常清楚，救援行动大多会采用直升机机降的方式，那就需要他迅速寻找一块合适的直升机降落场。好几天了，吃喝都很差，体力也即将耗尽，当地夜间还有丝丝凉意。皇天不负有心人，条件较理想的直升机降落场终于被他找到，是一处山区牧场，地势比较平坦开阔。

在奥格雷迪坠机6天后，美国飞行员托马斯·汉福德上尉驾驶F-16C战斗机飞临波黑地区执行搜救任务时，收到了一个无线电信号，奥格雷迪被发现并确认还活着。

"'拳击手52'，我是'拳击手11'，我在阿尔法上呼叫你。'拳击手52'，听到你的声音很高兴。""拳击手52"是奥格雷迪的呼号，当他听到无线电里的声音时，奥格雷迪心里知道，他可以活下去了。

1995年6月8日凌晨1时，北约南欧地区部队总司令莱顿·史密斯海军上将被奥格雷迪已经找到的消息叫醒，他立即打电话给美国海军陆战队第24两栖突击队队长马丁·伯恩特上校，第24两栖突击队此时的司令部设在亚得里亚海巡弋的"卡萨奇"号（CV-33，原为"埃塞克斯"级航空母舰，排水量30000余吨，1973年退役，后经过改装成为直升机航母重新服役。）战舰上，经过反复讨论，司令部确定了趁夜色直升机救援的方案。

凌晨3时，两架CH-52E重型直升机载着41名海军陆战队突击队队员，从"卡萨奇"号起飞前往奥格雷迪发出信号的地点，救援行动正式开始。随同CH-53E起飞的还有两架AH-1J"海眼镜蛇"武装直升机和两架AV-8B"鹞Ⅱ"式垂直起降攻击机，这些飞机担任保护救援队的任务。美国海军"罗斯福"号核动力航空母舰也起飞了F/A-18"大黄蜂"舰载战斗机，亚德里亚诺空军基地也把F-16和F-15E派出来执行空中掩护。为了对塞族武装进行电磁干扰与压制，两架EF-111电子战飞机也加入进来。队伍中还有EA-6B电子战飞机，A-10攻击机等装备，大型空中预警机担任空中指挥。为了营救一名坠机逃生的飞行员，美国海空军共动用了40余架作战飞机，阵容不可谓不强大。

营救集群在飞行过程中始终对敌保持强大的全面电磁干扰，塞族武装无法对美军行动进行有效的对抗措施。上午6时，天空已现鱼肚白，奥格雷迪与其中一架直升机取得了联系，他有些兴奋地说："我很好，希望尽快离开这里。"6时44分，第一架CH-53E直升机在指定地点降落，20名突击队队员立即下机警戒。第二架CH-53E经过调整降落后，发现了举着手枪湿漉漉快速向

能量机动

飞机奔跑而来的奥格雷迪。整个救援行动，部队在地面只停留了7分钟，之后迅速撤离。

返航途中，美军直升机遭到3枚便携式SA-7地空导弹的袭击，虽然导弹没有命中目标，但这也使机组乘员惊出了一身冷汗。为了躲避地面武装人员的打击，直升机使出浑身解数进行机动飞行，就这样还是遭到了密集子弹的攻击。7时30分，突击队员和奥格雷迪搭乘的两架CH-53E直升机降落在"卡萨奇"号。整个救援奥格雷迪的行动中，美军动用了4颗卫星，中央情报局和海空军通力合作，40余架作战飞机协调行动，成功将飞行员安全带出战区，这在全世界救援行动中也是很经典的一次行动。

世界各国武装部队都有一个共识：人比装备更"值钱"，战争中人的作用不可取代，先进喷气式战斗机动辄几千万、上亿美金，但飞行员的培训与经验才是战争中的制胜法宝。高性能先进战机诸多功能与武器，都是为了让飞行员在战斗中更加灵活可靠的击落敌机而设计，以人为本的思想已经深入人心。先进战机需要人的驾驶，人也需要先进武器才能获得战场优势，双方相互补充才能使武器的作用最大化，仅有先进战机而忽视人员的培养与合理使用，这样无法取得战争的胜利。

反观二战时期日本军国主义军队，成立所谓的"神风特攻队"，飞行员成群结队有组织对美国海军舰队进行自杀式攻击，这就属于反人类的不人道行为。日本军国主义最后的挣扎没有使战争结果有丝毫改变，平白无故损失了大量装备和人员，应该被全世界爱好和平的人们所共同唾弃。当然，上述事例绝不是美化北约对南联盟的战争，也没有为战争叫好，仅是提供一个F-16战斗机的小事例而已。

F-16的故事太多太多，本书篇幅有限就介绍到这里。作为一款优秀的轻型战斗机，F-16活跃在世界各地的热点地区，是美国和北约伙伴国值得信赖的好飞机，也是北约空中霸权的急先锋。

美国"雷鸟"飞行表演队

F-16主要改进型号

型号	用途
YF-16	原型机
F-16A/B	初期型号，批次：1/5/10/15/20
F-16C/D	1984年首飞的改进型号，批次：25/30/32/40/42/50/52/50D/52D/50PLUS/52PLUS/70/72
F-16E/F	以F-16C/D为基础进行的升级版本，可加装保形油箱（CFT），更换为F110-GE-132发动机，换装AN/APG-80主动相控阵雷达，批次：60/62
F-16IN/F-21	为竞争印度战斗机采购计划而设计的最新版本，采购未成功遂方案搁置
F-16/79	换装J79涡喷发动机的外销版本
F-16/101	F101涡扇发动机改装试验型号
F-16ADF	F-16A的15批次中升级计划型号
F-16I	以色列空军使用版本
F-2A/B（FS-X）	日本三菱重工授权生产，以F-16 C/D Block 40为基础的日本航空自卫队版本
F-16XL	由美国国家航空航天局（NASA）使用于研究计划的箭镞翼版本，后加入增强版战术战斗机（Enhanced Tatical Fighter）计划竞标，败给F-15E
RF-16C/T-16R	侦察型号，可加挂ATARS吊舱
F-16中期寿命升级（MLU）	中期寿命升级（Mid Life Update）计划。协助荷兰皇家空军、比利时皇家空军、丹麦皇家空军、挪威皇家空军、葡萄牙空军、美国空军等各国服役中的F-16A/B及F-16C/D升级改进的版本
F-16N	美国海军假想敌训练机
KF-16	韩国空军授权版本
F-16 VISTA/MATV（NF-16D）	以色列空军提供一架F-16D Black30给洛克希德公司进行改装，并用于向量推力试验
QF-16	无人机试验机
F-16CCV	性能试验机
F-16SFW	与X-29竞争的前掠翼试验机

注：F-16各主要改进型号是按照生产制造顺序的批次数字作代表。

评述

由于美国空军在推出F-15后提出"一磅重量也不用于对地攻击"的理念，F-15重型战斗机被设计成一款纯粹为空战设计的战斗机。如果空中F-15战机进行对敌空战夺取制空权任务，那么地面部队势必需要一种可以支援战斗任务的飞机，再研制一款专用对地攻击机有些得不偿失。

那时美国海空军已经装备了诸如A-6、A-10等专用对地攻击机，不过这些机型已经接近服役年限，对其改装有些划不来，经费需求也很大，而且在战场上专用攻击机需要制空战斗机的掩护，这又增加了使用与维护成本。在F-XX计划竞争时，落选的YF-17就具有制空作战及对地攻击能力，而被选中的YF-16的对地攻击能力也非常高。就这样，F-16在执行制空作战任务的同时，兼顾对地攻击支援地面行动任务的能力也突显出来。F-16也被戏称为"干脏活"的，多用途战机的广阔前景就此展开。

F-16A/B等早期型号装备了由当时西屋电器公司提供的AN/APG-66脉冲多普勒雷达，其探测距离最远可达150千米，对战斗机大小的目标探测距离为56千米。后期改进型号更换了AN/APG-68脉冲多普勒雷达，对5米^{2}大小空中目标的探测距离高达105千米。相较苏联雷达火控系统普遍下视下射能力不足，AN/APG-68脉冲多普勒雷达具有良好的下视下射能力，抗干扰能力较好，是一种十分优秀的雷达火控系统。与同时期苏联战机相比，F-16的"眼睛与大脑"更佳。

F-16飞行员座椅与机身呈30度角，可以有效减轻高过载对飞行员身体的伤害。这里又要提到苏-27的改进型号苏-27M了，也就是大名鼎鼎的苏-37。苏-37是俄罗斯首款侧杆操作、座椅30度布置的飞机，这些设计灵感都来源于F-16，虽然分属两大阵营，但苏-27型号总师对于F-16的设计理念是十分认同的。

几乎无遮挡的无框式气泡座舱也是F-16系列战斗机的典型特征。准确发现目标是每个飞行员的执念，虽然现今战斗机已经达到高态势感知、高智能

能量机动

化的水平,但对视野的追求仍然十分强烈,F-16开创了"全景天窗"这一设计。此外F-16执行制空任务的作战半径可以达到900千米,但仍然被苛刻的美国人嘲笑为"短腿鸭"。倘若拿同为轻型战斗机的米格-29那不到600千米的作战半径来对比,对F-16的评价似乎有些不近人情了。

当然,两款战机因为作战思想不同也会有不同的评价。米格-29属于前线歼击机(战斗机),F-16则为多面手。不同体系下作战,不同思维下抗衡,其中各型号之间的参数也不会相同,这是比较正常的事,不必锱铢必较。

"狗斗之王"

飞机首先垂直爬升至一定高度,然后发动机转速下降、速度减慢,随着飞机速度逐渐接近零,飞机呈自由落体状态下滑,此时飞机机头向下逐渐加速继而恢复正常飞行状态的过程叫"尾冲"。

1988年英国范堡罗航展上,米格-29向世界展示了"尾冲"这一特技飞行动作。强大的克里莫夫RD-33涡扇发动机的噪音笼罩在机场上空,巨大的声浪震撼着现场每一名观众。从此,"尾冲"和米格-29紧密联系起来,也是米格-29在对外展出时的招牌动作。

1991年苏联解体后,"铁幕"消失,西方各国终于可以零距离观察苏联那些在冷战期间极为神秘的战机。整个冷战期间,米格战斗机家族众多经典机型始终是北约集团最可怕的梦魇。机身上喷涂着象征联盟荣耀的红色五角星,曾经骄傲地翱翔在欧洲上空,红色帝国的崩塌让这些"老战士"们无家可归。其实东西德统一后,东德空军大量的米格战机已经开始被西方各国抓紧研究。

西方对米格-29的评价是多方面的,首先是优点。米格-29的近距格斗能力异常突出,盘旋和垂直性能很好,F-16的改进型号也未必强于它。其次,头盔瞄准系统加上R-73红外格斗弹的加持,较大离轴角发射导弹的能力甚至可

米格-29"大战"F-16

能量机动

以使该战机不用对敌机咬尾之后再攻击,反应相当迅速。即使米格-29早期型号仍旧采用机械液压操纵,优秀飞行员也可与有电传操纵系统的对方战机匹敌。米格-29的近距格斗能力看似无敌,那么它有哪些缺点呢?

首先是航空电子设备。我们都知道苏联火控雷达系统比西方落后很多,下视下射能力较差,电子对抗能力不足。即使米格-29S型换装了N-019M型雷达,相比F-16早期的AN/APG-66火控雷达也差很多,这使得米格-29在航空电子设备的对抗中几乎没有胜算。以现代眼光来看,米格-29的航空电子设备近乎"简陋",不太像第三代尖端战斗机那般高端。

还有一个很让米格-29飞行员们心烦的航程问题,米格-29的"腿"实在太短了,制空任务作战半径不到600千米,跟F-16的900千米差距较大。"没有一架米格飞机可以飞到第聂伯河中央。"苏联飞行员们曾这样嘲笑米格飞机的航程之短。

战斗机之间的空战跟我们看那些好莱坞大片可不一样,大银幕艺术化的空战镜头让观众们大呼过瘾、赏心悦目的同时,也确实有违于现实情况。《壮志凌云》是美国派拉蒙影业1986年出品的电影,被广大军事爱好者尤其是航空迷们津津乐道。其中有一个镜头,独行侠驾驶的F-14"雄猫"舰载战斗机被米格-28咬尾,在千钧一发马上就要被攻击的当头,独行侠突然昂起机头减速爬升,使敌机冲过自己并反咬成功。这似乎有些像苏-27的绝技"眼镜蛇机动",昂起机头让对方来不及减速直接冲过自己,然后对其进行打击。电影里这些经典空战镜头对观众有很震撼的视觉冲击,但导演肯定在空战理论上没有做功课。

美国F-XX计划与其说是要为F-15找一个高低搭配的"伙伴",不如说是被"能量机动理论"所打动。第三代战斗机已经摒弃高空高速截击作战理念,转头要求极强的中低空格斗能力,而空中格斗一个重要的条件就是要有能量。博伊德的"能量机动理论"横空出世,对战斗机空战模式产生了革命性的影响。"能量机动理论"指出,速度和机动性是飞机两大要素,但决定胜负的是后者，机动性始终排在战斗机设计制造的首位。

那么，我们再回头看看米格-29的"尾冲"在真实空战中是否有用。

遵循"能量机动理论"的新时代战斗机空战中，战斗机始终要保持发动机推力的持续输出，以完成各种机动动作所需的能量。倘若战斗机进入"尾冲"，那么飞机就如同我们介绍那样，机头垂直爬升并持续减速，这时飞机接近一种不可控状态，之后是借助地心引力才使机头向下，飞机进入俯冲加速状态结束"尾冲"机动。由此我们可以看到，飞机在整个"尾冲"特技飞行动作中几乎没有能量来完成别的机动动作，在真实空战格斗状态下就是活靶子。所以《壮志凌云》中独行侠那花哨漂亮的飞机昂头躲避动作，只是导演的一厢情愿。真实战场上，飞行员驾驶的战斗机要时刻变换飞行状态，无论是对敌攻击还是摆脱打击都需要巨大的能量和超强的机动性。在双机格斗时候故意降低自己能量，就等于放弃下一步行动的权力，这就等于直接宣判对方获胜。所以不论"尾冲"还是"眼镜蛇机动"，都只是航展表演而已，实战中绝不可用。

好了，现在"尾冲"已经被证明在实战中没有用处，但米格-29还有很多优点，在实战中对抗F-16是否可以全身而退呢？谁才是真正的"狗斗之王"呢？

米格-29采用了由雷达、光电、头盔瞄准器组成的综合火控系统，头盔瞄准器配合大离轴角的R-73短距空空导弹，可以使米格-29在空中格斗中占有很大优势。在传统空战模式中，飞行员必须驾驶战机绕至敌后咬尾，让格斗导弹的导引头锁定目标，然后攻击。而米格-29的飞行员在空战中只要把机头大致朝向对方，机头和目标的夹角不超过40度，然后飞行员转头看到敌人，头盔瞄准器就可与导弹联动，轻松锁定目标并发射导弹，自己的生存率和目标命中率大大增加。但是目前还没有确凿证据证明实战中米格-29利用这套系统击落过敌机，到底是苏联战机的宣传还是实战利器，目前还没有办法证实。

苏联解体后，俄罗斯陷入了巨大的财政困境，军事装备升级换代的步伐

米格-29的"尾冲"

较量
制空之王

大大迟滞了。米格-29很长时间没有进行过较大升级改装，有些升级也是试验性质，另外的升级主要是出口型。与其相反，F-16始终在不断升级中。虽然二者都是轻型战斗机，但F-16采用电传操纵系统，放宽静不稳定设计，敏捷性很高，非传统机械液压操纵系统可比。

有大量相关资料显示，米格-29和F-16进行了很多次模拟空战，F-16多数情况下不敌米格-29。但模拟是模拟，演习和实战是两码事。实战中的情况更复杂，模拟空战中的各种限制不存在了，高低远近快慢的规则没有了，体系作战条件下F-16明显强于米格-29，尤其中远距离下的探测跟踪能力，米格-29更是望尘莫及。

至于爬升速度和盘旋率的问题是否真的在实战中能起到决定性作用，这一点不能武断。现代空战早已不是航炮制胜的年代了，战机、航空电子设备、火控系统、武器、支援、后勤、体系甚至经济等，都决定着战斗的胜负关系，早已不是"一招鲜吃遍天下"的年代了。空战胜负的因素很多，不能简单归结于某一项突出就说某型战斗机更优秀。F-16的电传操纵系统对近距格斗及规避导弹有很大的优势，其本身是"能量机动理论"的设计产物，更是将空战提升至很高的高度。当然，F-16的机动性也是非常强悍的，这一点绝不能因为米格-29机动性好就贬低F-16。F-16一直作为美国海军假想敌部队存在，可想而知其战斗力之强悍，更有著名的"雷鸟"飞行表演队使用该型号战机，说明F-16在机动性方面不逊于任何一型战斗机。

总之，F-16综合作战能力强于米格-29，而米格-29在模拟空战中战胜过F-16，双方各有优势。

米格-29"大战"F-16

04

较量
制空之王

天生
宿敌

较量 制空之王

苏-27"侧卫"

提起大名鼎鼎的苏-27战斗机家族，无人不知无人不晓，稍微有些军事装备常识的军事迷，几乎没有不知道苏-27的，不过苏-27的诞生并不简单，甚至总设计师帕维尔·奥西波维奇·苏霍伊还非常抵制这款战斗机的设计工作。这到底是怎样一段传奇的历程呢？下面就让我们揭开苏-27的神秘面纱，走近这一型世界名机。

1970年初，苏联新型远景歼击机（苏联及我国早期将专职制空任务的战斗机称为歼击机）战术技术任务书的制订完成，送达苏联空军审阅。新型前线歼击机采用单发还是双发方案争论不下，负责试验机制造的航空工业部副部长米纳耶夫认为战斗机单发和双发方案没有什么区别，但空军司令库塔霍夫却认为双发方案更可靠安全，由此奠定了新型远景前线歼击机的双发布局方案，这就是为什么后来的轻型战斗机（歼击机）米格-29和重型战斗机（歼击机）苏-27全部为双发布局的原因。

1971年初，苏联军事工业委员会做出决定，所有从事歼击机设计的设计局都要参与到新型远景歼击机计划中来，主要有三家：米高扬设计局、雅克（雅克夫列夫）设计局和苏霍伊设计局。

当时苏霍伊设计局的总负责人是帕维尔·奥西波维奇·苏霍伊，他认为以苏联当时的航空科技和电子设备水平，不足以完全对抗美国格鲁曼公司F-14和麦道公司F-15战斗机。根据苏霍伊设计局元老萨莫伊洛维奇的说法："苏霍伊之所以拒绝参与竞争，是考虑到当时苏联无线电电子技术落后，不

苏-27 "侧卫"

具备研制轻型歼击机的条件。"苏霍伊的抵制态度持续了几个月，直到航空工业部领导下了最后通牒，他没有办法，才下令设计局开始新型歼击机的研制工作。

1970年2月，苏霍伊设计局内正式启动公开代号为T-10的歼击机计划，意为苏霍伊设计局第10款三角翼飞机，并将其命名为苏-27。1975年9月，正值苏-27飞机设计工作冲刺攻坚之际，苏霍伊设计局创始人、总设计师帕维尔·奥西波维奇·苏霍伊去世了，这对苏霍伊设计局乃至苏联整个航空工业都是一个十分沉重的打击。苏霍伊虽然逝世，但苏-27飞机还要往下进行，1976年2月设计局正式任命米哈伊尔·彼得洛维奇·西蒙诺夫为苏-27型号总设计师。

这里需要简单说明一下，飞机总设计师在当时的苏联不单是一个职位，更是一种荣誉。这个职务必须由最高苏维埃主席团的特别命令才可获得，且只有航空领域才有总设计师这一头衔，苏霍伊也是苏联首批总设计师之一，而型号总设计师仅是设计局内部的职位。

T-10项目不是一蹴而就的，先后预研了几种设计方案拿来共同对比选择，从早期的T-10-1到1974年的T-10-8布局方案，再到后来的T-10-9和T-10-10号方案，其间经过反复论证、修改和计算，优中选优，采取最好的设计方案。在从1号到11号设计方案的反复设计修改中，设计局内人员戏称苏-27是变布局的飞机，直到最终生产之前，苏-27设计图纸还在修改。虽然设计图纸创纪录般修改，但T-10-1生产型飞机还是在1977年顺利下线了。

1977年5月20日，由英雄试飞员弗拉基米尔·伊留申驾驶的苏-27原型机T-10-1首飞成功。首飞成功的喜悦还未退去，一系列棘手的问题摆在了苏霍伊设计局工程师的桌面。飞机严重抖动，航电设备超重，甚至飞机气动布局都存在巨大缺陷。

按照这个设计方案能否对抗美国F-15，西蒙诺夫没有把握，实际测试数据也显示当时的苏-27性能没有达到预期水平。花费了大量时间精力甚至金钱

04

天生宿敌

苏-27原型机T-10-1方案

代价所制造出的飞机,没有实现预期目标,这个结果是无论如何无法向军方交差的,苏-27修改设计势在必行。对于修改原始设计,苏霍伊设计局内部意见并不统一,元老派们认为在现在的基础上进行部分改进就可以,但西蒙诺夫坚持认为需要推倒重来,彻底改变现有设计方案。

在俄罗斯国内各种报刊上,刊登了很多有关苏霍伊设计局的文章,其中有有关西蒙诺夫观点的文章。例如在2004年10月12日《消息报》第三版上,是这样讲述苏-27飞机的:

当时情况已经明朗化,飞机并不能承载它所寄托的希望。西蒙诺夫采取的行动等同于自杀:他带着搜集好的资料,来到航空工业部副部长西拉耶夫的办公室,把一切责任揽在自己身上,要求重新设计这架飞机。下面是他们当时的对话。

"飞机上还能留下很多东西吗?"西拉耶夫听完西蒙诺夫的汇报后不无揶揄地问。

"起落架和弹射座椅。"西蒙诺夫直截了当地说道。

1978年初,航空工业部部长卡扎科夫发布命令,要求苏霍伊设计局根据中央空气流体动力研究院的建议重新设计机翼,决定以米格-29飞机气动布局研制经验为基础,开始苏-27飞机的重新设计工作。

早在1977年10月的《空军和防空军审评委员会关于苏-27歼击机草图方案和实体模型审查纪要》中,军方对现阶段苏-27飞机方案基本满意,但结论措辞比较严厉地指出飞机超重,应该增加飞机机翼增升装置(前缘机动襟翼),增加导弹外挂点。军方经过仔细分析后表明态度:需要对苏-27飞机进行深度修改。

前文中我们多次提到F-16是苏-27的"老师",就是因为西蒙诺夫坚持改变苏-27原型机的设计,尤其对机翼部分进行了重新设计,增加前缘机动襟翼和翼尖挂架,取消机翼防颤振配重。加装前缘机动襟翼有两个好处:首先,前缘机动襟翼可有效加强大迎角飞行状态下的飞机升力；其次，苏-27原型机机翼前缘对加工工艺要求很高，非常难以加工制造，给后续批量生产制造了不小的麻烦，改变机翼后，以上问题消失，一举两得。没有F-16的设计方案启发，苏-27的改进估计还要耽搁很久。

相比原型机，苏-27改进型号有如下主要变化：

- 更改机翼和水平尾翼设计
- 为飞机减重
- 改进飞机布局结构，提高维护性
- 提高操纵性和稳定性
- 改变平尾和垂尾
- 将垂尾布置在尾梁上
- 优化油箱设计
- 改变座舱盖开启方式
- 解决存在的结构和气动弹性等问题

苏-27飞机布局更改方案形成于1977年11月至1978年1月，方案布局名称为T-10-13，意为第13套设计方案，1977年12月得到正式名称：T-10S。

以上就是苏-27的简略来历和研制过程。苏联在20世纪60年代末已经有了米格-23和米格-25等一系列较强战斗力的战机，为何又要提出新型远景歼击机方案呢？这里面又有什么历史背景呢？

20世纪60年代越南战争中，越南人民军空军凭借相对劣势装备，直接对抗美国海空军并取得了不俗的战绩。当时的越南人民军空军装备，多数是第一代老式喷气式战斗机，导弹数量少，防空体系不健全，飞机数量和飞行员素质更是无法跟强大的美国海空军同日而语。尽管如此，在十几年的战争中，越南人民军越打越勇，对战争的理解与学习更加深刻，击落击伤大量美国海空军飞机。尽管美国装备着大批先进战机，然而并没有取得预想的那种

苏-27改进型号原型机T-10-17

苏-27基本参数

技术数据	长度：21.9米	
	翼展：14.7米	
	高度：5.92米	
	翼面积：62米²	
	空重：16380千克	
	毛重：23430千克	
	最大起飞重量：30450千克	
	燃料容量：9400千克	
	发动机：2台AL-31F涡扇发动机	
	最大速度：马赫数2.35（2500千米/时）	
	最大航程：3530千米	
	实用升限：19000米	
	G限制：+9	
	爬升率：300米/秒	
	翼负荷：377.9 千克/米²	
	有效载荷：6000千克	
	作战半径：1500千米	
武器	机炮：1门30毫米口径GSh-301自动加农炮，备弹150发	
	挂载点：10个外部挂架	
火箭弹	S-8 航空火箭弹	
	S-13 航空火箭弹	
	S-25 航空火箭弹	
导弹	R-27R/ER/T/ET/P/EP空对空导弹	
	R-73E空对空导弹	
炸弹	FAB-500通用炸弹	
	RBK-250 集束炸弹	
	RBK-500集束炸弹	
航空电子设备	N001雷达	
	OEPS-27光电瞄准系统等	

压倒性优势，反被越南人民军时而"反咬一口"，这令自大的美国武装力量颜面扫地。美国航空科技人员也认真总结战争中的教训，在F-4、F-8、F-105等先进战机一次次被击落的时候也在反思为什么结果是这样。美国相继推出了F-X（F-15）和XFX-1（F-14）计划以取代F-4等战机，新型战机在强调大航程火力猛的同时，也把空中格斗当成重要的指导方向，更是给战机配有先进机载设备和导弹，意图早发现目标并先敌开火击落敌机。

这时的苏联空军大量装备着米格-21、米格-25和苏-15等飞机，多数还是强调高空高速的空战思维，唯一勉强可以拿来执行前线空战任务的米格-23，性能也是差强人意。苏联人在努力观察局势的同时，更关注老对手美国的行动，发生在越南战场一幕幕真实情况也难逃苏联人的法眼。20世纪60年代末70年代初，美国F-14、F-15等新一代战机相继面世，苏联的压力陡然而增，现役装备已无法与美国最新战机抗衡。紧接着美国又推出F-XX方案，就是今后的F-16，首次提出高低搭配概念。随后，苏-27和米格-29的苏联高低搭配千呼万唤始出来。

当然，最初米高扬设计局的米格-29，在新型远景歼击机计划竞争中没有战胜苏霍伊设计局的苏-27，但为了平衡苏联两大设计局之间的微妙关系，米格-29和苏-27全部投入使用。这里面虽然也有苏联空军的需求，但更多的是政治因素。

费尽周折、千呼万唤又推倒重来的苏-27，性能到底怎样呢？

先说航空电子设备。看了前文的读者朋友应该可以发现，现代战斗机的核心就是航电设备，这是现代战斗机的大脑和眼睛，航电设备如果性能不佳，那么飞机整体实力就被拉低。

苏-27机载火控系统称为S-27系统，也被称为SH101产品。苏霍伊设计局倾向于在苏-27上使用米格-31的相控阵雷达作为火控系统，但由于种种原因，苏-27在1982年放弃了垂直面电子扫描格栅天线，更换为双镜面机械扫描天线，以米格-29机载雷达为原型改装。这样做的目的还有一个，两型飞机

04 天生宿敌

都能使用相同导弹，但雷达频率与范围存在差别，这就需要导弹有两种不同的引导头，就会有导弹、雷达、后勤、生产等部门无法统一的问题。综合因素考虑下，最终确定苏-27飞机使用盒式发射天线N001火控雷达。N001火控雷达的性能实在说不上很好，当时苏联航空电子设备相较于美国存在不少差距，脉冲多普勒雷达的研制工作很慢，没有十分把握赶得上苏-27飞机的服役期限，经过会议决定，研制盒式常规卡塞格伦天线的机载雷达。等日后相控阵雷达安装时，已经是苏-27M了，那就是后话了。

N001火控雷达的天线直径达到了1075毫米，整个雷达火控系统全重接近1吨，与欧美同类产品差距过大。据称，苏-27的N001雷达前半球探测距离可达80～100千米，后半球探测距离为30～40千米，但实际性能还是要打一个大大的问号。这种雷达还有一个苏联火控雷达的通病，下视下射能力不强，抗干扰能力较弱，这些不利因素导致空战中战机有可能丢失目标或受敌干扰无法瞄准。

再谈发动机。

在苏-27各型号各改型的研制过程中，发动机几乎没有一次不"迟到"，总是要等发动机到位才能安排试飞。早在20世纪70年代初苏联远景歼击机计划提出之时，对飞机配套发动机就提出了很高的具体要求。1972年，苏霍伊设计局选择留里卡设计局的AL-31F发动机作为苏-27标准动力，并和留里卡设计局一起为苏-27动力系统并行研发。由于AL-31F发动机研发和生产难度比较大，耗费周期长，直到1977年5月20日，T-10-1首飞时装配的还是上一代AL-21-F3发动机，AL-31F发动机还在图-16空中试验平台上进行测试，没有赶上苏-27首飞。

1979年夏天，留里卡设计局完成了飞行试验用试验样机的调试，基本达到了可靠性要求，两套AL-31F发动机被运送到苏霍伊设计局，工厂编号是No99-16和No99-18。8月中旬安装到T-10-3飞机上，8月23日由设计局首席试飞员伊留申驾机升空。1979年10月，第二架安装了AL-31F发动机的T-10-4试验机也加入到飞行试验中。在1980年至1983年整个国家鉴定飞行试验期间，两架苏-27飞机的试验项目相同，都是为了调试第一布局方案的AL-31F发动机（99N产品），它们采用的是下置附件机匣。根据航空工业部的决定，调整批飞机T-10-5和前面试验的T-10-1、T-10-2都安装了AL-21F-3发动机。因此，它们完成了发动机的改进完善飞行试验，并且用于完成了上置附件机匣动力装置布局的苏-27飞行试验数据收集工作。直到第二布局方案的AL-31F（99V产品）装机试验，AL-31F发动机才算是步入正轨。

最后说说气动布局与机动性。

"眼镜蛇机动"，这个苏-27的招牌动作诞生于1989年2月22日，苏霍伊设计局功勋试飞员维克托·普加乔夫首飞成功。之前，苏霍伊设计局内，一批试验机飞行计划如期进行，虽然偶有挫折但总体还算顺利。时间来到1988年，苏联对外政策有所缓和，整体向着与西方和平相处的方向推进，苏联政府以更加开放自信的姿态走进80年代末。

1988年9月，米高扬设计局的米格-29首次代表苏联参加英国范堡罗航展并大出风头。苏霍伊设计局的人坐不住了，时任总设计师的西蒙诺夫马上向航空工业部申请参加次年于法国巴黎举行的国际航展并进行飞行表演，12月，航空工业部批准了这项提议。设计局调配两架飞机积极准备，它们分别是T-10-41和双座型T-10U-7，对飞行表演飞机的必要改装也立即进行。任务设备拆除更换成配重，加装空中管制系统用于莫斯科至巴黎之间国际航线上的安全飞行。

用什么样的飞行表演动作才能体现出苏-27优异的飞行性能，甚至超过米格-29在英国的表现，是此时西蒙诺夫最优先考虑的问题。西蒙诺夫分析过美国F-14飞机进行近距空战时，以很短时间进入超临界迎角的飞行动作，这给了他极大的启发。因为苏-27飞机进入尾旋时也有过类似急停减速的情况，当然那次急停减速只是偶然发生事件，与后期创造性的"眼镜蛇机动"没有关系。最后，集体决定让飞机水平飞行状态下进入到大迎角状态，这项任务交

天生宿敌

给了苏霍伊设计局功勋试飞员维克托·普加乔夫。

1989年2月22日，普加乔夫首次进行大迎角机动试验飞行，为了稳妥安全，试验飞行在10000米高空进行。普加乔夫驾驶苏-27UB-01飞机爬升至万米高空，然后开始进入"钟"式机动，飞机仰起机头增大迎角，在轨迹最高点速度达到0，此时飞机尾部已经朝前，飞机迎角达到了90度。"成了！"普加乔夫兴奋地说。动作可以做出，但高度需要降低，万米高空对于地面观众来说实在太高了，观赏度很低，此套动作最理想和观赏性最好的高度是1000米。4月，普加乔夫驾驶T-10U-1飞机在1000米高度试飞成功。5月，T-10-41飞机完成改装，普加乔夫将驾驶这架单座型苏-27在巴黎展示苏-27"神技"了。

1989年6月9日，法国巴黎，两年一度的航空航天盛会"第38届巴黎-布尔歇国际航空航天展览会"开幕。

苏-27在开幕式当天登场，普加乔夫起动蓝白涂装外形优雅的苏-27的发动机，眨眼工夫，飞机腾空而起，拥有强劲推力的AL-31F发动机咆哮嘶吼着将苏-27送入法国的天空。留给表演的时间只有短短5分钟，尽管如此，在这5分钟内苏-27将自己优异的飞行性能发挥得淋漓尽致，并在现场低空表演了"眼镜蛇机动"。法国总统、官员、各大媒体、各国军事专家和大量观众在震惊中亲眼观看到苏-27惊世骇俗的飞行表演。

尽管西方各国先进战机性能也处于世界顶尖水平，但通过此次飞行表演可以发现，苏-27转弯半径更小，飞机中低空动作更灵活，出色的飞机设计和翼身融合体为苏-27完成特技动作提供了条件。

各大媒体争相报道，苏联的新式战机亮相巴黎，"眼镜蛇"征服浪漫之都！尽管苏联在本次航展带来了AN-225超级运输机和暴风雪号航天飞机，西方各国先进战机也进行了相当精彩的飞行表演，但苏-27的横空出世无疑是本届航展最大亮点。同样是苏联代表团之一的米高扬设计局带来的米格-29就没那么走运了，英国范堡罗航展大出风头之后，米格-29想用更加精

苏-27招牌动作"眼镜蛇机动"

天生宿敌

彩的飞行表演再次征服法国观众，没想到在开幕式当天的飞行表演中，米格-29低空低速通场时发动机吸入飞鸟当场坠毁，值得安慰的是飞行员科沃丘尔弹射成功。

毫无疑问，本届巴黎航展是属于苏-27的。

评述

苏-27作为苏联跨时代的重型战斗机，对苏联航空工业、军工生产和设计乃至世界战斗机格局都产生了深远影响。虽然研制过程中有些许曲折，但无法否认苏-27已经跻身当时优秀制空战斗机的第一梯队。

目前，苏-27已经成系列化家族化，改进型号繁多，浩如烟海。最新改进型苏-35S于2011年5月3日首飞，可以说为苏-27战斗机家族画上了圆满的句号。由于改进型号实在太过繁杂，我们选取最典型的苏-27型号进行剖析与理解，也就是苏-27改进型，北约称其为"侧卫B"。原始型号T-10的几架原型机要么搭载AL-21F涡喷发动机，要么在试验试飞中因事故坠毁，剩下的就是飞行寿命到期，这些都不具有参考价值。还是从1981年T-10S首飞之后的"正式版"苏-27谈起比较合适。从1985年服役至今，苏-27有过不少著名的事例，让世人了解和熟悉这一型经典战机。其中比较著名的如"巴伦支海事件"、巴黎航展"眼镜蛇机动"、"俄罗斯勇士"飞行表演队享誉世界和苏-37"超级侧卫"技惊四座的飞行表演等。

苏-27是苏霍伊设计局第一款使用电传操纵系统的重型飞机，按照面积律设计，翼身融合体，双发双垂尾布局。前文我们讲过，苏联新型远景歼击机计划要求新飞机使用双发布局，保证其安全性、可靠性，所以米格-29和苏-27虽然重量、大小、作用都不尽相同，但外形保持高度相似性，这就是设计指导思想的作用。苏-27拥有流畅的机身与两台AL-31F大推力涡扇发动机的动力加持，且同样强调中低空机动性。当时，东西方两大阵营的思路都是摒弃高空高速作战理念，着眼于打赢高技术条件下空战模式。

苏-27雷达火控系统原计划安装"剑"式相控阵雷达，在当时这种雷达非常先进，但由于苏-27和米格-29的雷达火控系统不在一个频率，导致导弹等机载武器的后勤和调试工作无法统一，最后苏霍伊设计局做出了妥协，改成了卡塞格伦天线的机载雷达。苏霍伊设计局当然十分清楚N001雷达火控系统不如计划中的"剑"式雷达，但飞机的设计制造不只是一个设计局的问题，而是整个国家军队的统筹安排与需要。早期雷达航电设备不过关，这个大帽子不该扣在苏霍伊设计局头上。经过后期的逐渐改进，苏-27SM系列也使用了较先进可靠的机载雷达火控系统。

比较有趣的一点，苏-27飞机在试验试飞阶段就因为机身结构设计不合理导致过坠机，甚至还有机翼飞掉的事故发生。而苏-27能够非常自如潇洒地完成"眼镜蛇机动"等高难度过失速机动动作需要坚实的机身，但这又引出了另一个问题：超重。

苏-27机体庞大，有着将近22米长的巨大体型，堪比小型民航客机一样的身躯。整个研制试飞期间，技术人员一直在机身四处"打补丁"。今天发现问题了就开会研究问题所在，明天机身结构出问题了就补结构，长此以往机身必然超重。再加上苏联当时的航电设备非常原始落后，假设本该300千克就可以满足要求的设备，最后成品的重量几乎要翻倍，甚至更重，这就不得不对机身的结构和重心做出相应调整。可以非常负责地说，整个苏-27家族系列飞机，包括双座型、舰载型、战斗轰炸型等型号全部超重。如苏-27原型机的机载航电系统安装图样上，明确写明总重量为1850千克，但实际发图阶段重量已经增加到了2350千克，比计划中的重量增加了整整500千克，最后机身里航电设备装得满满的，但还是有些设备装不进去。除了因为当时苏联航空电子设备技术水平不足，加工工艺及机身设计也出现了不可逃避的责任。重量增加的不仅是结构航电，甚至驾驶舱舱盖因为承受不了长时间的热载荷，也从原来的8毫米厚增加到了9毫米，在那个材料科学并不十分发达的年代，这

"俄罗斯勇士"飞行表演队

主要改进型号

型号	用途
T-10	最初原始型号
苏-27	设计局编号T-10S，共青城厂为空军制造的基本空军型
苏-27K	设计局编号T-10K，由空军基本型苏-27发展而成的海军舰载战斗机，被命名为"海侧卫"，苏-27K的生产改型命名为苏-33
苏-27KM	配备苏-35武器系统的苏-33，由共青城厂制造
苏-27KPP	苏-33的电子战型
苏-27KRTS	苏-33的侦察型
苏-27KU	战斗轰炸机，后改名为苏-34
苏-27KUB	设计局编号T-10KUB，由共青城厂制造的并列式座舱舰载机
苏-27M	设计局编号T-10M，苏-35的原型机，增加了鸭翼，更改了机体，升级了雷达、航电，装备尾椎雷达
苏-27P	共青城厂为防空军制造的基本生产型
苏-27PD	加装空中加油装置的苏-27P
苏-27PU	设计局编号T-10PU，苏-30的原型机，为国土防空军设计的远程截击机
苏-27R	苏-34的侦察型
苏-27SK	设计局编号T-10SK，共青城厂制造的苏-27出口型
苏-27SKM	针对苏-27SK的升级型
苏-27SM	苏-27的现代化升级版本，更换新型计算机测距仪，并安装了由卫星定位的导航系统以及更精密的火控系统；强化了机身，安装N001雷达，玻璃化驾驶座舱，三个彩色多功能显示器和改良的航空电子设备；发动机更换成莫斯科"礼炮"机器制造厂改进型AL-31F1发动机
苏-27SM2	重大改进型
苏-27SM3	后期改造技术，应用了苏-35S的技术
苏-27SMK	由苏-27SK改良的多功能出口型
苏-27UB（设计局编号T-10U）	伊尔库茨克厂制造的苏-27双座战斗教练机
苏-27UBK（设计局编号T-10UBK）	伊尔库茨克厂制造的苏-27UB出口型
苏-27UBM	苏-27UB的现代化改型，即苏-35UB
苏-27UBM1	白俄罗斯的苏-27UB改进型
苏-27UBM2	哈萨克斯坦的苏-27UB改进型
苏-30	伊尔库茨克厂制造的双座远程战斗机
苏-30I-1	苏-30MKI的首架原型机
苏-30K	伊尔库茨克厂制造的苏-30出口型

（续）

型号	用途
苏-30K2	共青城厂制造的双座并列型战机
苏-30KI	共青城厂制造出口印尼的苏-27SK
苏-30KN	伊尔库茨克厂制造的苏-30多用途型，只有一架
苏-30M	苏-30的现代化改进发展型
苏-30M2	俄罗斯自用型苏-30MK2
苏-30M3	苏-35UB的原名
苏-30MK	设计局编号T-10PMK，双座纵列多功能战机的通用型号
苏-30MK2	基于苏-30MKK的多用途战斗机
苏-30MK3	增加Kh-59发射功能和强化其他性能的改进型
苏-30MKI	伊尔库茨克厂制造的印度苏-30MK，装有前翼、推力矢量发动机和西方火控系统
苏-30MKK	共青城厂制造的出口型号，采用基于苏-30标准机体改造的飞机
苏-30MKK2	出口型号，属第二批采购的苏-30MKK家族，后改名为苏-30MK2
苏-30MKK3	苏-30MKK2的改进型，后改称苏-30MK3
苏-30MKM	出售给马来西亚的改型，基于苏-30MKI，有前翼但是没有矢量喷口，采用西方航电系统和武器标准
苏-30MKN	基于苏-30MKM的出口型
苏-30MKV	基于苏-30MKK的委内瑞拉定制型
苏-30MK2V	基于苏-30MK2的越南定制型
苏-30MKA	阿尔及利亚定制型，机体构造基础为苏-30MKI，航电系统更换法国及俄罗斯制品
苏-30SM	苏-30MKM俄罗斯自用型
苏-33	共青城厂制造的舰载机，主要服役于"库兹涅佐夫"号航空母舰
苏-33UB	苏-27KUB的军用型号
苏-34（设计局编号T-10VS）	新西伯利亚厂制造的双座并列型攻击机
苏-35	即苏-27M，共青城厂制造的先进多功能战机
苏-35K	在1995年出现的多功能海军型编号
苏-35UB（设计局编号T-10UBM）	共青城厂制造的苏-35双座型，采用苏-30MKI的部分技术
苏-37MR	苏-35的最终派生型，并装有新型的航电系统和推力矢量喷口，原型机编号T-10M-11
苏-35BM	有别于之前由T-10M发展的三翼面苏-35型号，系基于苏-27SM发展而来的多用途战斗机，苏-35BM、苏-27SM2和苏-35S统称新苏-35系列
苏-35S	苏-35BM的最终定型型号

样的改变势必导致总重量又增加不少。这里加一些，那里补一块，苏-27超重的问题就很好理解了。

再说机动性。苏-27的机动性之高不用再过多说明，太多精彩故事可以佐证其设计巧妙又科学，且很多地方非常有创造性。类似"眼镜蛇机动"这类超机动动作，西方飞机之前也有尝试，苏-27型号总设计师西蒙诺夫就是受美国F-14的启发才创造了这个举世瞩目的机动动作。虽然"眼镜蛇机动"违背了我们常说的"能量机动理论"，不适合空战，但这样的花哨动作也不是一般飞机可以随意飞出的。苏-27的机体设计，加上空气动力学及强大发动机的综合体，有了这些才可任由飞机设计师根据自己的想法设计出各种机动动作。

苏-27的故事还有很多很多，篇幅有限，我们这里无法全面展开说明。虽然苏-27有些问题和不足，但确实是一款十分先进又可靠的重型战斗机。

F-15"鹰"

"没有一磅用于对地攻击"（Not a pound for air-to-ground）！

这是一型改变空战格局的著名战斗机，也是被美国人声称具有空中统治地位的战斗机，拥有史无前例104∶0的傲人战绩，这就是美国麦道公司设计生产的重型制空战斗机F-15"鹰"。

1962年美国空军开始了F-X（Fighter-Experimental）计划，目的是设计一款拥有完全空中优势的重型制空战斗机。1969年麦道公司中标开始正式设计工作，1972年原型机首飞成功，1974年F-15正式进入美国空军服役。正是因为美国F-X计划的顺利展开，才催生了苏联新型远景歼击机计划。1977年5月，F-15一生的对手，苏-27原型机首飞成功。

F-15设计制造的目的是取代老旧的F-4"鬼怪"式战斗机。F-4设备陈旧，机动性欠佳，升级改造潜力不大。F-15被要求能够对抗任何一款苏联战机，

F-15 "鹰"

尤其面对米格-25的严重威胁，F-15不能失败。

不过F-15因造价昂贵，无法装备特别多的数量，所以"战斗机黑手党"们搬出"能量机动理论"，又发展出了LWF战斗机计划，也就是轻型战斗机F-16，在美国空军形成了高低搭配模式。这种新型空军装备理论再一次被苏联借鉴，苏联空军为了抗衡美国空军，新型远景歼击机项目中才保留了米格-29。可以说苏联正是看到了美国的F-X项目才开始启动苏-27项目，知道了LWF项目才保留米格-29项目，亦步亦趋追随美国的脚步。

F-15战斗机创造性地采用了"手不离杆"设计，即飞行员控制按钮集中在节流阀和操纵杆上，所需信息体现在抬头显示器（HUD）上。F-15战斗机使用专门为其研制的AN/APG-63脉冲多普勒雷达火控系统，该型雷达属于X波段全天候多模雷达，下视下射能力比较突出，对于低空目标的捕捉能力较强，利用多普勒效应不会被地面杂波所干扰。近距格斗时，雷达自动捕捉目标，计算机将目标信息反映到抬头显示器中，不需要飞行员再低头看其余仪器仪表，这种模式在那个年代属于极其尖端的科技产品。

F-15可携带AIM-7"麻雀"中程空空导弹、AIM-9"响尾蛇"近距格斗空空导弹和AIM-120先进中程空空导弹。F-15进气道下方外侧可以挂载AIM-7和AIM-120，机翼下的多功能挂架可以挂载AIM-9和AIM-120，而在右侧进气道外侧还有一座M61A1火神式机炮。后期改进型号还可实施对地对海攻击，携带各种航空炸弹和导弹，真可谓武装到牙齿。

目前没有证据证明F-15战斗机在其参与的多次空战中有被击落的记录，而F-15的战果是104架敌机的击落数量。至于叙利亚宣称1981年米格-25PD使用两枚R-40导弹击落一架F-15，无据可考，没有得到证实。

F-15采用固定式切角三角形上单翼设计，没有前缘和后缘机动襟翼，而是使用了进气道前缘扭转装置。机翼采用多梁抗扭盒型破损安全结构，前梁为铝合金，后三根梁为钛合金。少量钛合金壁板，多为铝合金机械加工整体壁板。机翼装有均为铝合金蒙皮全铝蜂窝夹层结构的前、后缘，以及副翼和襟翼。在F-15C、F-15D型上，内侧机翼的前部和后部都扩大成整体油箱。

F-15机身底部外形略带弯曲，进气道外侧凸出，还起到翼根整流和安装平尾及垂尾的作用。此处凸起在大迎角时产生涡流，可推迟机翼失速和提高尾翼效率，类似于边条。全金属半硬壳式结构机身由前、中、后三段组成。铝合金结构前段包括机头雷达罩、座舱和电子设备舱；中段是机翼连接部分，部分采用钛合金件承受大载荷，约占此段重量的20.4%，前三个框是铝合金，后三个框为钛合金；后段为钛合金结构发动机舱。锯齿形前缘的平尾为全动式，面积大，可满足高速飞行和机动需要。平尾和垂直安定面均为硼纤维复合材料、钛合金抗扭盒、全厚度铝夹芯和硼-环氧复合材料面板构成的蜂窝壁板蒙皮。采用全铝蜂窝结构前后缘，方向舵采用碳纤维-环氧复合材料梁肋、硼-环氧面板和铝夹芯蒙皮。

F-15采用两台普拉特·惠特尼公司生产的F100-PW-100加力式涡轮风扇发动机，单台最大推力64.9千牛，加力推力106千牛。二元多波系可调进气道装有一组调节板和一个放气门，可自动保证最佳激波位置和进气量控制。1989年起，新生产的F-15换装通用电气公司生产的F110-GE-129涡轮风扇发动机（单台加力推力129千牛），机身内有4个油箱，左右机翼内各有一个油箱。机内载油量A型为5185千克，C型为6103千克。此外，在机身和机翼下最多还可带3个2309升的副油箱。

第一架F-15A于1972年7月出厂，双座教练型F-15B于1973年7月首飞，1974年11月交付使用。1976年1月，第一架正式为作战部队生产的F-15A服役。A型一共生产了385架，其中装备美国空军366架（含转给以色列的24架），出口以色列43架。F-15B也可用于执行制空作战任务，B型除第二个座椅和座舱盖加大以外，与A型几乎没有什么区别。B型比A型约重363千克，没有AN/ALQ-135电子对抗设备，其他与A型相同。F-15B共生产了60架，7架出口以色列。

F-15外观图

04

天生宿敌

F-15基本数据

技术数据	人员：	1（A/C），2（B/D/E）
	全长：	19.43米
	翼展：	13.03米
	高度：	18.625米
	翼面积：	56.5米^2
	空重：	12961千克
	内油重：	6097千克
	标准空战重量（C型）：	20482千克（100%内油，6枚AIM-120导弹，2枚AIM-9M导弹）
	最大起飞重量（C/D型）：	31000千克
	发动机：	两台F100-PW-100或F100-PW-220涡扇发动机
	速度：	马赫数2.5（3018千米/时）
	航程：	转场航程5740千米（满载机内油及携带保形油箱与三个外挂副油箱） C型：4630千米（满载机内油及三个外挂副油箱） E型：4445千米（携带保形油箱与三个外挂副油箱）
	作战半径：	1965千米，无空中加油（防空拦截任务）
	实用升限：	A/B/C/D型：19800米 E型：15000米
	推重比：	1.071（C型）
	翼负荷：	357.5千克/米^2
武器	机炮：	一座M61A2"火神"20毫米口径机炮，弹药940发／512发（F-15E）
	导弹：	AIM-7"麻雀"中程空对空导弹 AIM-120先进中程空对空导弹 AIM-9"响尾蛇"短距空对空导弹
	炸弹：	F-15E可挂载各种美国空军空用炸弹，包括自由落体核弹，及各式激光制导炸弹等

六个翼下，四个机身外侧，一个机身中线挂点，总外挂可达7300千克

F-15A、B的改进型F-15C、D于1979年开始进入美军服役。这两种新型号是PEP2000改进计划的产物，于1979年2月首飞。改进处包括利用机内剩余空间多装内部燃油907千克，可挂容积900升的外挂副油箱。可增挂两个保形外挂油箱，此油箱可装2211千克的JP-4燃油，也可装侦察传感器、雷达探测和干扰设备、激光标识器、微光电视设备、侦察照相机等设备。保形外挂油箱挂在发动机进气道两侧，阻力很小，不降低飞机的载荷因数和速度极限，不影响其他外挂点的使用。AIM-7F"麻雀"导弹可挂在保形油箱的转角处，最大起飞重量增至30600千克。C型采用了两台普惠公司的F100-PW-200或F100-PW-229型涡扇发动机，每台推力104.3千牛。1983年，美国空军与麦道公司签订了F-15"多阶段改进计划"合同，换装AN/APG-70火控雷达，该雷达的数据处理器存储量达1000千字节，处理速度提高两倍。采用新型中央计算机，容量增加三倍，处理速度提高两倍。原有武器控制板换为与计算机相连的彩色显示屏，火控系统、电子对抗系统也有改进。改进后的F-15具有发射AIM-7、AIM-9和AIM-120空空导弹的能力，共生产488架。

关于F-15战斗机这里还有一个非常重要的信息需要说明，F-15早期型号并非电传操纵系统。之前我们谈到米格-29的时候，对米格-29依旧使用传统机械液压操纵系统稍显失望，那么F-15依旧没有使用电传操纵系统是不是也说明该机技术落后呢？

F-15使用的是双余度高权限增稳控制系统，虽然本质上依旧属于机械液压操纵系统，不是电传操纵系统，但与米格-29的传统液压操纵系统有很大的区别。F-15的双余度高权限增稳控制系统所能达到的效果与早期电传操纵系统几乎一致，都是对航向和仰角进行高效控制，取得了类似电传操纵系统的效果。F-15初衷就是为了制空战斗而设计，目标是战胜天空一切敌机。在F-15诞生的20世纪60年代末至20世纪70年代初，电传操纵系统还没有完全成熟，使用成熟可靠的液压操纵系统确实为稳妥方案，这与米格-29战斗机的设计思路相吻合。但麦道不是米高扬，美国空军有NASA和众多相

04 天生宿敌

关单位的技术与资金支持,这是当时苏联战斗机研发企业不能相比的。至于美国的电传操纵系统还是因NASA的"阿波罗"登月计划配合研发,之后NASA与美国空军合作才使得电传操纵系统成功运用到战斗机研发领域,最终由F-16战斗机于1974年正式使用,但这时F-15已经首飞两年了。F-15的双余度高权限增稳控制系统相比米格-29的传统液压操纵系统技术进步非常大,几乎不是一个技术层面,所以虽然没有使用电传操纵系统,但绝非米格-29可比。直到2011年的F-15SA换装电传操纵系统时,F-15服役已经快40年了。

F-15的飞行品质通过一个真实事件可以很好地说明。

1983年5月1日,在以色列空军的空中格斗训练中,一架F-15D与一架A-4"天鹰"式攻击机在空中发生碰撞。F-15D的右翼几乎整个撕裂,只有最内侧的60厘米还在。飞行员没有听从教官要求弹射的命令,成功将这架受到重创的飞机迫降到机场。事后调查认为,能够成功迫降是因为机尾巨大的水平面积,以及进气道与机身提供的额外升力。两个月后,这架飞机完成修复并回到部队继续服役,这就是著名的"一个翅膀"神话。以色列飞行员的飞行技术固然高超过人,但过硬的飞行技术还是要靠F-15这个优秀的硬件来支持。由此可见,F-15的设计非常成功,空气动力学水平相当高。

1976年12月,以色列成为F-15战斗机的首批购买国。这里还要讲一个F-15的经典战例。1979年,冷战阴云密布,中东地区剑拔弩张。就在F-15装备以色列不久后,4架叙利亚空军的米格-21战机向以色列空域飞来,以色列飞行员梅尔尼克接到命令,和其余三架正在空中巡逻的F-15战斗机前往该空域警戒,如有可能便击落这些米格战机。

据以色列飞行员梅尔尼克回忆:

我记得当天地平线非常清晰,在我们下面有少许云,我们得到了拦截米格飞机的命令。我们在距离米格战机40～50千米远时使用雷达,迅速地锁定了它们，并得到了攻击许可。我发射了一枚导弹，但没有命中，米格飞机迅速转向躲避。然后米格飞机开始反击，以每小时1050千米的速度向F-15飞来试图攻击。与米格飞机的距离已经很近了，我按下了导弹发射按钮。导弹击中了其中一架米格，这是F-15首次在实战中击落米格战机。能够成为第一个在战斗中证明F-15战斗机空战能力的飞行员，我既高兴又感到无比自豪。

从接近叙利亚空军的米格-21到将其击落，总共用时才30秒，梅尔尼克成了F-15战斗机首开纪录者。

另一个让F-15战斗机大放异彩令人瞩目的事件是击落卫星！

20世纪80年代，东西方阵营的冷战处于胶着状态，华约和北约在各方面进行着对抗。当时苏联的间谍卫星发射频繁，严重威胁到美国的国家安全。苏联已经测试了击落卫星的技术，美国人坐不住了。五角大楼决定也测试击落卫星技术，这一艰巨的任务落在了F-15身上。P78-1，一颗老旧的美国卫星成了此次测试的目标。

1985年9月13日12时40分，美国加利福尼亚范登堡空军基地，飞行员皮尔森登上了F-15战斗机。这架飞机机腹挂载了一枚长5.42米、重达1180千克的ASM-135反卫星导弹。皮尔森驾驶飞机冲向高空，抓住转瞬即逝的时机，果断发射导弹，将目标卫星摧毁在其轨道上。F-15做到了其他飞机从未做过的壮举。至于美国的"星球大战"计划、ASM-135反卫星导弹和F-15反卫星计划我们这里不去讨论，仅利用战斗机发射导弹这一项，就使我们的主角F-15战斗机傲视群雄。

当然，F-15在冷战中与苏联对抗的事例还有很多，比较值得一提的还有"条纹鹰"的故事。

为了展现美国新一代重型主力战斗机强悍的飞行性能，1974年，美国空军对一架F-15型战斗机进行深度改装，使其打破诸多航空飞行纪录。为了减

"条纹鹰"

较量
制空之王

轻自身重量冲击纪录,这架编号为720119的F-15移除了一切作战设备,甚至刮掉了表面涂装的油漆。因为去除了战斗机表面涂装油漆,飞机外表不同材料金属的拼接形象暴露出来,所以这架飞机被人们戏称"条纹鹰"。从1975年起,"条纹鹰"陆续打破了8项爬升纪录,进而体现了F-15飞机优异的飞行性能,也相当于给了苏联"同行"一个下马威。当然,几乎同一时期,苏联也使用苏-27试飞机队中的一架飞机改装为专用飞行纪录飞机P-42,也创造了不少好成绩。

1991年海湾战争爆发,"沙漠风暴"行动正式展开,联合国多国部队对伊拉克军队进行了高强度的全天候空中打击。关于海湾战争的过程和结果已经有太多资料可以查阅,我们没有必要占用大量篇幅详细阐述,在这里只解释一个名词:鹰墙。

1991年1月17日凌晨,在为了迫使伊拉克军队结束对科威特占领的联合国授权下,联合国多国部队开始对伊拉克军队进行全面火力打击,海湾战争爆发。

1月17日凌晨2时许,由数架"阿帕奇"武装直升机组成的先遣飞行编队和F-117"夜鹰"隐身攻击机相继摧毁了伊拉克军队的对空警戒雷达等诸多军事目标,使伊拉克军队面向多国部队方向几乎成了聋子和瞎子。担任空中掩护的是由多国部队战斗机和支援飞机组成的庞大空中第二梯队。其中以美国空军为首,担任制空权"扫荡"任务的最佳选择非F-15C莫属。

由5个四机编队组成的F-15C掩护机群,一路跟随前出攻击机,对任何敌方空中目标进行打击,确保对地攻击机群圆满完成任务。一般的战术是这样的,首先是巡弋在高空的远程预警机发现目标,并及时告知己方敌机的方位信息,然后F-15C使用飞机自身的雷达进行精确搜索并跟踪,其中一架发射中远程导弹对敌先行开火。如导弹未命中敌机,则接敌后其余F-15C发射短距空空导弹将其摧毁。发射中远程导弹的F-15C战机类似于我国古代武侠小说中常见的"虚晃一枪"战术，假设对方没有及时躲开则一击必胜，如果对方躲闪逃脱则其余战机跟进轮番打击，像极了1759年亚伯拉罕平原之战中，法军对英军的"排队枪毙"。这时候能来挑衅的敌机几乎等同于自投罗网，如果没有拥有绝对优势，制空权无法夺回。

随着多国部队不断对伊拉克军队进行高强度全天候空中压制，伊拉克军队逐渐收缩后退，多国部队的空中打击圈亦逐渐北移。F-15及各式先进战机组成的空中编队，表现出极强的战术打击能力和空中威慑，这种战术和态势被称赞为鹰墙，如同一堵不可逾越的高墙，始终朝着胜利的目标平移。

就在17日当天，F-15C击落了伊拉克的米格-29，这又是一个传奇的故事。

由8架美国空军F-15C组成的空中掩护编队正在战区上空飞行，他们前出其余攻击机群100多千米，担任肃清敌方空域夺取制空权的任务。

伊拉克军队经历了八年的两伊战争，拥有庞大的武装部队，作战飞机性能也不是十分落后，装备有米格-29等先进三代战机，以第四大军事强国自居。此时的多国部队飞行员们心里惴惴不安，他们不清楚伊拉克空军实力几何，也不知道迎接他们的将是怎样一场惨烈的空战。就在离空中打击群既定目标不远处，预警机传来通知，告知美国飞行员南部出现两架米格-29战斗机。美国飞行员随即加速向着米格-29飞奔而去，但他们马上意识到这是一个圈套。米格-29将美国飞行员吸引到地面防空火力圈范围之内，意图消灭这群"侵略者"。就在美国飞行员使出浑身解数躲避地面火力攻击之时，米格-29也加速向他们飞来，情况万分危急。

两机相对速度已经达到了2000千米/时，美国飞行员率先开火了，一枚导弹喷涌着火舌扑向米格-29。导弹精确命中了米格-29，米格-29凌空爆炸。从预警机通知飞行员发现敌机到将其击落仅用时10分钟，这是美国空军使用F-15战斗机的第一个击落记录。

强大的多国部队在一个多月进行了10万余架次的空中打击后，伊拉克军

F-15击落米格-29

队已无法支撑，败局已定。

顺便说一下，现代隐身战斗机的战术也跟鹰墙有些相似，这方面的问题我们会在后续有详细说明。

评述

104∶0，这是迄今为止可以证实的F-15空战击落官方记录。越南战争中宝贵的空战经验总结，与苏联各式主力战斗机的横向对比，鉴于F-4"鬼怪"式战机的不足，美国F-X计划下的F-15战斗机横空出世，带给世界的震撼和空中威慑，令美国空军在相当长的一段时间内傲视蓝天。

F-15虽然是重型战斗机，但其空中机动性丝毫不逊色甚至超过一众以灵活著称的轻型战斗机。先进的双余度高权限增稳控制系统不落后于那个年代刚刚起步的电传操纵系统，巨大的进气道前缘扭转有效改善了仰角机动性能，和前缘机动襟翼作用等同。两台大推力发动机和出色的气动设计令F-15在空中"身轻如燕"，这是高技术和先进航空理念结合下的制胜法宝。尤其20世纪80年代初期换装的AN/APG-70雷达火控系统，更是领先老对手苏联一大截，其优异的探测跟踪性能令苏联同行们望尘莫及。F-15创造性采用手不离杆设计，大大减轻了飞行员的负担，HUD的加入更令飞行员可以在紧张激烈的空战中，全神贯注洞察战场信息，不用分神观看各种复杂仪表。直到1988年，苏联T-10M才首次使用手不离杆的设计，这时F-15已经服役十多年了，且T-10M系列飞机从苏联解体后就不再继续发展，成了苏霍伊设计局的广告明星，这就是我们熟知的苏-37。

非常客观地说，苏-27整个研制计划和后续改进型都是为了一个目标：打败F-15。

F-15就像《基督山伯爵》里的拿破仑党人一样，从不露面，但始终贯穿整部小说，这种隐形主角更加令人印象深刻。苏-27之后的深度改进就是因为原型机T-10-1的战斗力不足以战胜F-15，又没有欧美那些先进电子设备，只能

较量
制空之王

在气动外形上做文章，这才促使一代名机苏-27改进型的诞生。至于当时苏霍伊设计局宣称改进后的型号可以战胜一切对手，这种宣传口径还是可以被谅解的，但真相和实力不会说谎。

说了许多F-15的优点，这一型号的缺点也很突出。机库皇后，这是早期F-15一段非常不光彩的往事。

F100-PW-100，美国普拉特·惠特尼公司设计生产的世界上第一种推重比达到8的涡轮风扇发动机，1972年试飞成功，1974年11月开始正式进入美国空军服役。但该型发动机研制之初，并没有充分估计到发动机工作状态转换的问题。这型发动机装备部队以后，在战斗训练过程中，飞行员常常在最大工作状态和最低转速之间频繁转换，结果F100-PW-100出现了问题，一度发生新的发动机产量低于预期，新出厂的几款先进战机因没有发动机而停放在地面无法飞行。但F100-PW-100的性能也让美国空军飞行员赞不绝口，最佳的表现来自F-15在运动能力、加速率等方面，与当时现役的美国最主要战斗机F-4有天壤之别，除了提升美国空军对于争取制空权的信心之外，也促成了更多新战术的研究与使用。

1973年，F-15装配F100-PW-100试飞几个月后，在一次地面测试中发动机涡轮叶片分离，导致风扇段损毁。经过详细调查，官方认为是叶片生产过程中的问题，后期改进了生产加工程序，问题得到解决。这只是该款发动机的其中一个问题，还有压缩段叶片失速、涡轮段损毁、零件寿命低等一系列致命问题。因为F100-PW-100的坎坷，美国国会差一点取消了整个F-15战斗机计划。虽然出现很多问题，不过普惠公司还是与美国空军通力协作，将问题逐一解决排除。在各方面积极协调配合下，F-100系列发动机逐渐成熟可靠，由1988年度每10万飞行小时3.27次故障率降低到1995年的1.53次，出色的可靠性也使F-15成为美国空军有史以来最安全的机种。

可能有朋友会提出疑问，这不是发动机的问题吗，怎么说这是F-15的缺点？这个问题其实很好理解，跟平时我们所驾驶的私家车是一个道理。我们

天生宿敌

在汽车品牌4S店购买汽车,那么车辆的零件就是4S店甚至是车辆品牌的保修范围,汽车制造商也是全球采购之后集中组装销售,倘若轮胎出问题就直接去找汽车经销商,绝对不会抱着轮胎去轮胎的生产厂家。战斗机也一样,战斗机是由气动设计、结构设计、武器和航空电子设备等集成,发动机是战斗机非常重要的一部分,是整个飞机动力的来源,那么发动机的问题就是整个飞机的问题,这一点就解释清楚了。

俗话说飞得越高摔得越惨,随着时间的推移,F-15已经略显老态。2007年,F-15曾经发生过机身空中解体的严重事故,结构老化的问题也暴露出来。不过随着近些年F-15EX等改进型号相继问世,"鹰"的传说还将继续,它的航程远未结束。

制空雄鹰

1970年3月17日,苏联防空军司令、空军元帅巴蒂茨基给总参谋长扎哈尔琴科元帅写了一封信,信中写道:

考虑到歼击/截击机的主要战术技术数据与空军提出的新型歼击机的数据接近,我认为必须同时开展空军远景前线歼击机和防空军歼击/截击机两个方案的预研工作。防空军提出的歼击/截击机必须能够替代苏-15歼击机,保证在10~20千米高度范围内消灭空中目标,并能够有效地与F-15和F-14歼击机进行机动空战。

其后,新型远景歼击机计划有了正式名称:FPI。

美国夺取空中优势战斗机的FX研制计划在1965年一出现,苏霍伊设计局就开始进行跟踪。苏霍伊设计局开始研究新型远景歼击机的时候,正值美国制订新型歼击机战术技术要求阶段,美国各大公司都在研究飞机的参数,准备参加竞标。1969年底,美国出现了YF-15战斗机这个名称,随后它就成为麦

F-15发射导弹击落卫星

F-15主要改进型号

型号	用途
F-15A	早期型
F-15B	双座F-15A,主要作为战斗教练型使用
F-15C	F-15升级改造型
F-15D	双座F-15C,主要作为战斗教练型使用
F-15E	战斗轰炸机,改用空地两用的APG-70雷达
F-15EX	F-15E的升级型号
F15QA	卡塔尔皇家空军出口型号
F15SA	沙特阿拉伯出口型号的F-15E
F-15J	授权日本三菱重工生产的F-15C
F15MJ	F15J升级型号
F15ID	印尼空军的F15EX
F-15DJ	双座F-15J
F-15I	以色列空军出口型号
F-15K	韩国空军出口型号
F-15SE	以F-15E为基础,一定程度隐身化设计的最新改进型
F-15SG	新加坡空军出口型号
F-15N	美国海军舰载型号,该项目已经停止发展

F-15"大战"苏-27

天生宿敌

道公司的后续研制方案。苏霍伊设计局此时才弄明白,美国研制取代F-4"鬼怪"战斗机的新型飞机,是为了夺取空中优势。因此得出了这样一个结论,为了对抗美国新一代战斗机,苏联必须研制全新的歼击机。可以说,苏-27飞机从最初研制就一直瞄着F-15。

研制出性能上不逊色于F-15的飞机,是一项十分复杂且艰巨的任务。首先,在一些基础技术研究方面,例如机载雷达火控系统的设计生产方面,苏联明显落后于美国。苏联的机载雷达虽然主要性能指标号称可以达到国外先进水平,但其外形尺寸、重量、耗电量等指标与西方国家存在明显差距。因此,苏联所研制的最终产品的重量,也不可避免地显著增加,且性能也比国外同类飞机差。为了保证飞机具有优势,雷达性能的落后必须依靠其他方面进行补偿。例如,飞机的结构布局设计要更合理,气动布局的水平应更高,机体结构重量的完善性要更好。

1977年5月,苏-27原型机T-10-1首飞后就出现了一系列相当严重的问题,飞机抖动、超重、大迎角飞行品质较差等。后期经过重大改进,于1981年才诞生了T-10S,也就是我们现在看到的苏-27。同一时期大洋彼岸的美国又在干什么呢?

1972年F-15首飞,1976年进入美国空军服役。F-15的航空电子设备可圈可点,抬头显示器(HUD)和手不离杆设计,更是让F-15的空战能力如虎添翼。F-15制空能力如此优秀的另一个主要原因是轻,重型战斗机还以轻为主要突出点?其实这并不矛盾。F-15空重不到13吨,单台F110-GE-129推力达到了129千牛,动力方面可谓绰绰有余。而苏-27呢?苏-27空重达16.4吨,AL-31F单台发动机推力为123千牛,这就是飞机设计水平、材料和加工工艺的差距。

说起重量,苏-27设计之初已经严重超重,后期整个研制试飞期间又不断"打补丁",可谓修修补补一路坎坷。而F-15则相对轻松很多,对结构和设计几乎没有什么重大改变,试验试飞相对顺利,从首飞到服役没有很长时

F-15与苏-27

间。苏-27则不同，仅单座型号参加试验试飞的飞机就达40余架，一直到20世纪90年代初还在小修小补。F-15在1976年服役之时，苏-27最原始的型号T-10-1还在图纸上，经过重大改进后1981年才首飞，直至1985年首批苏-27小规模装备部队，进入部队服役后继续进行大量密集试飞，直至苏联解体，苏-27的试验试飞工作还是没有完全结束。

至于苏-27为何使用那么多飞机、那么长时间来完善，这里有一个很重要的问题需要说清楚。在20世纪60年代的苏联，战斗机几乎就等同于米格，米高扬设计局的产品以压倒性数量优势占据了苏联和其盟邦空军。帕维尔·奥西波维奇·苏霍伊早期被排挤，后期创办了自己的设计局，在航空器设计经验方面虽然也相当优秀，但和米高扬设计局的底蕴相比还是相差甚远。在苏-27出现之前，苏霍伊设计局几乎没有重型战斗机的研制经验，所以当初竞争前线远景飞机的时候，苏霍伊有些顾虑，甚至提出要设计轻型飞机也就不足为奇了。研制重型制空战斗机，几乎是"赶鸭子上架"一般的仓促。所以，1977年5月20号T-10-1首飞后，发现一系列重大缺陷的根源也就找到了。

再说后期改进，米哈伊尔·彼得洛维奇·西蒙诺夫用了仅不到四年的时间，将苏-27原型机进行了大刀阔斧的革命性修改，这其中不免有些着急了。其后十余年时间里，设计人员对苏-27一直是头疼医头，脚疼医脚，从发动机到雷达火控系统，从结构到重量，无一不存在这样那样的问题。还有著名的"跨声速陷阱"，苏-27在马赫数0.85～1.25的区间内，使用过载被限制在6.5，严重限制了苏-27的机动能力。

F-15的双余度高权限增稳控制系统虽然不是电传操纵系统，但可靠性明显高于苏-27所搭配的电传操纵系统。苏-27虽然是电传操纵系统，但因为技术实力有限，依旧使用大量机械传动结构，不但增加了重量，而且有诸多隐患。

说了很多，是不是苏-27就无法战胜F-15了呢？未必！

较量
制空之王

著名的美国"红旗军演"中，F-15就曾经和印度空军的苏-30MKI交手，虽然宣称F-15胜利，但其中真实情况外人无法得知。还有美国F-15曾经与乌克兰空军进行模拟空战，目前我们得知，乌克兰的苏-27在近距模拟格斗中取得了优势。

战争的形势多种多样，战场情况瞬息万变，当时的状态、飞行员素质高低、战场信息获取、临场指挥等诸多方面都会导致结果不同。这不是单纯某一型号飞机的问题，更多的是体系配合。虽然苏-27有很多问题，不过F-15也不是十全十美。武器的先进性和可靠性固然十分重要，但唯武器论断不可取。

较量
制空之王

05
欧洲双雄

较 量
制空之王

法国"阵风"

要想取得成功，就必须工作，工作，再工作。然后还要有一点运气，要获得这点运气，就要把个人爱好、技术进步和谨小慎微很好地结合起来。

——马塞尔·达索

1892年的法国巴黎，一个叫马塞尔·布洛克的男婴诞生了。

因为布洛克对于机械和设计有着十分强烈的兴趣，父母将他送到了巴黎布雷盖电气工程学校进行学习。20世纪初，飞机刚刚出现，以现代的眼光看还相当原始。学习期间布洛克就对航空和飞行非常着迷，梦想着日后成为一名优秀的飞机设计师。怀揣着梦想，布洛克在20岁那年考入了法国国立高等航空制造学院，飞机设计大师之路就此开启。在布洛克的同学中，还有日后大名鼎鼎的米格飞机公司创始人之一米哈伊尔·格列维奇。两年后，布洛克以优异的成绩从学校毕业，来到了军方的航空实验室，从事飞机设计工作。后来，在好友亨利·波泰兹的资助下，布洛克开启了自己的飞机设计事业。他的处女作是当时飞机非常重要的部件：一副木质螺旋桨。

1916年，当时正值第一次世界大战期间，布洛克创办了自己的航空设计公司。"Sea Ⅳ"型双座战斗机在一年后被成功设计出来，法国军方对这架飞机表现出浓厚的兴趣，随即计划采购1000架进入法军服役。但最终"Sea Ⅳ"型双座战斗机订单，随着第一次世界大战的结束而告终。

一战后，遭受重创的法国急需快速恢复国民经济与基础建设。到了20世纪20年代又恰逢世界经济危机，法国一众航空设计企业不是破产就是被

"阵风"

吞并，大环境驱使下，布洛克的公司也转行了。1927年，美国飞行员查尔斯·林白驾驶着他的"圣路易斯精神"号横跨北大西洋，从美国纽约直飞法国巴黎。被林白的巨大成功所感染，布洛克心中的航空之火在这一刻再一次被点燃，他变卖产业，将资金投入到二次创业中。

1928年，以布洛克自己名字命名的马塞尔·布洛克飞机公司成立。MB60是一款邮政飞机，也是布洛克飞机公司的首款飞机。MB60只是布洛克的起点，此后，MB80"空中救护车"，MB120客机等机型相继研发成功。除了飞机研发，布洛克还成立了自己的航空发动机实验室，专门用于开发高性能航空发动机和螺旋桨。

1940年6月14日是令所有法国人黯然神伤的一天，巴黎被纳粹德国的铁蹄无情践踏。和成千上万的法国人一样，布洛克被迫离开了自己的家乡。在纳粹统治时期，德国不惜一切代价搜寻各方面人才为己所用，在法国航空领域威望甚高的布洛克也自然成为目标之一。布洛克不但有着天赋异禀的飞机设计天赋，也是一位身怀理想又具有浓烈爱国情怀的飞机设计师，他拒绝同纳粹德国合作，因此被纳粹关进了监狱。

1944年8月19日，为了配合盟军对德国的进攻，法国抵抗力量在巴黎起义。25日，德国驻巴黎指挥官向盟军投降，同日，自由法国领导人戴高乐将军抵达巴黎，宣布巴黎解放。在布痕瓦尔德集中营内受尽折磨的布洛克迎来了自由的光芒，他终于等来了祖国胜利的这一天。很有趣的一件事，布洛克乘坐飞机返回了巴黎，这是布洛克一生中第一次也是唯一一次乘坐飞机。1947年，或许是因为胜利的喜悦，再或者是迎接重生，布洛克将自己和公司的名字改为达索。MD450"暴风"是战后达索公司研制的法国第一代喷气式战斗机。"暴风"由达索本人主导设计，只用了半年时间就完成了从草图到原型机的制造。达索又在MD450的基础上，研发出了"神秘"和"军旗"两种超声速战斗机。随着1958年戴高乐上台，骄傲的法国人宣布要恢复自己的大国地位，为此法国要独立发展自己的核力量。1966年，法国退出北约军事

欧洲双雄

一体化组织，走上了独立自主的国防发展道路，这就是当今法国军事装备在欧美国家中独树一帜而又有鲜明特色的历史原因。

达索抓住了历史机遇。

面对周遭大量的苏制米格和美制战斗机，达索创造性地提出了无尾三角翼飞机布局。达索取消了常规飞机的水平尾翼，充分利用无尾三角翼布局阻力少、重量轻等优点。"幻影"，这个达索公司在航空领域的传奇就这样诞生了。

只有好看的飞机，才是好飞机。

——马塞尔·达索

这是一句非常富有哲理的名言，外形好看的飞机一定是线条流畅行动自如的，且设计也是协调的。当然，达索的话似乎有些自夸和广告成分在里面，这是一种哲学，不是科学。有一些飞机外形很丑陋，比如美国F-4"鬼怪"，但在那个年代却是美国海空军主力机型。如今我们看待这句话，当成一句戏谑和玩笑就好，且不可刻板偏执以此为标准。

无尾三角翼布局固然有很多优点，但起飞着陆性能稍差，滑跑距离偏长。其后，达索设计出了"幻影F1"系列战斗机，又重新返回了常规布局。不过随着世界航空科技的发展，电传操纵系统的成熟运用，放宽静不稳定的设计，无尾三角翼可以再次被拿到设计案上来。

1974年，美国F-16横空出世。F-16具有航程长，体型小，机动性强，航电设备先进等诸多优点。F-16的出现使新一代战斗机的格局发生了重大改变，法国人坐不住了。很快，法国新一代战斗机设计方案出台，这就是"幻影2000"。"幻影"系列战机多数采用无尾三角翼布局，优点是瞬间盘旋性能突出，这一优势可使战机快速改变机头方向，精准瞄准对手，先敌发现，先敌开火，获得战场优势。一利必有一弊，瞬间盘旋角度的提升，使得自身飞行速度降低，且持续转弯能力不强。虽然"幻影2000"瞬时盘旋能力达到

"幻影2000"外观图

欧洲双雄

"幻影2000"基本参数

技术数据	长度：	14.36米
	翼展：	9.13米
	高度：	5.20米
	翼面积：	41米²
	空重：	7500千克
	正常起飞重量：	13800千克
	最大起飞重量：	17000千克
	发动机：	一台史奈克玛M53-P2涡扇发动机
	推力：	军用推力： 64.3千牛
		后燃最大推力： 95.1千牛
	最大燃油量：	3160千克
	最大速度：	马赫数2.2（2695千米/时）
	爬升率：	285米/秒
	最大升限：	17060米
	最大航程：	1550千米
	推重比：	0.7
武器装备	机炮：	2门DEFA 554型30毫米口径空用机炮，单门备弹125发
	火箭：	2具Matra JL-100火箭弹舱，每具最多可携带18枚68毫米火箭弹SNEB航空火箭弹
	导弹：	R550"魔术"空对空导弹
		超级530D空对空导弹
		MBDA MICA IR/RF中/短距空对空导弹
		AM-39"飞鱼"反舰导弹
		AS-30短距空对地导弹
		ASMP导弹（采用核战斗部，专门装备于"幻影2000N"）
	炸弹：	挂载点9个（4个于机翼下，5个于机身），共载重6300千克
		BL5系列通用炸弹
		Mk-80系列低阻通用炸弹
		AN-52战术核弹

了惊人的30度每秒，但该机推重比较低，大迎角状态下阻力相应变大，所以持续水平机动能力自然也很差。

上述优缺点的形成与时代背景有着紧密联系，在那个东西方两大阵营剑拔弩张，冷战阴云笼罩下的欧洲，如何防止苏联大量的轰炸机、攻击机突破欧洲防卫圈才是欧洲各国空军战略思维和设计方向的重中之重。"幻影"系列战斗机，包括"幻影Ⅲ"都着重于强调高空高速性能，旨在快速对敌高空轰炸机给予致命一击，保卫己方战略目标，外形修改不大的"幻影2000"自然也将这些特性继承下来。

1978年3月10日，"幻影2000"首飞成功。1984年，"幻影2000C"服役，它的设计克服了早期"幻影"式战机的缺陷，加强了自身优势。"幻影2000"延续达索一贯的设计风格，无尾三角翼，简洁大方精致。"幻影2000"系列飞机大获成功后，达索决定继续加大力度投入到更新式战斗机的研发中来。

20世纪70年代，英国、联邦德国、意大利、西班牙等国空军计划共同研发一种新式战斗机，法国因为该项目不适合本国发展没有加入。法国的需求与其他各国不同，法国拥有强大的海军，需要一种海军和空军都能装备的战机，空军飞机负责夺取制空权和对地攻击等任务，海军则需要航空母舰的舰载机，这与欧洲单纯制空战斗机研制计划背道而驰。

法国依靠自己的力量开发了"幻影2000"的后继机型，"阵风"Rafale。在达索本人的亲自参与下，1986年7月，"阵风"原型机首飞成功。1991年"阵风C"正式定型，2001年进入法国武装部队服役。

"阵风"除了秉持达索公司流畅美观的飞机外形设计，还采用了那个年代流行的鸭式气动布局。鸭式气动布局可在一定范围内获得更高的升力，有效改善起飞降落和空战性能，还兼顾高空高速性能。肋部两侧进气道进气效率较高，亦有局部隐身效果。除了气动外形，"阵风"在雷达火控系统、航空电子设备、武器、人机界面等方面都进行了改进和提高。更值得一提的是，"阵风"实现了一机多用，一机多能，不但是空军主力机型，还是海军航空母舰主力舰载机。该型飞机在空战性能突出的同时，兼顾强大的对陆对海攻击能力，维护性可靠性也进行了大幅度的提升。毫不夸张地说，"阵风"是又一款达索公司的杰作。

和苏-27总设计师苏霍伊相同，达索也没有看到自己最后设计的杰作"阵风"的首飞。首飞之前三个月，著名的飞机设计大师，航空传奇，达索公司创始人，马塞尔·达索与世长辞，享年94岁。

"阵风"整合了一套SPECTRA综合电子战系统，由泰雷兹公司和法国欧洲宇航防务集团研制，这是一套高度整合与自动化的系统，无须占用机翼挂架。此系统的功能包括对威胁目标产生的讯号作长距离侦测、辨别及精准的定位，能应对红外线、电磁波及激光讯号。整套系统包括有：

- 3个覆盖120度的激光传感器。
- 3个覆盖120度的雷达讯号侦测器（两个在前鸭翼的前方，一个在尾翼）。
- 2个红外线导弹警告侦测器。
- 3个使用主动电子扫描天线的电子干扰器（两个在进气口前方，一个在垂直尾翼底部）。
- 4个模块的干扰箔条投防器（能根据需要对付的雷达波长修改箔条长度）。

该系统拥有以软件为基础的虚拟隐身功能，其原理至今没有公开，但相信是类似飞机上的雷达产生一系列反向雷达信号，使其与真正的雷达回波互相抵消，降低雷达回波强度，达到减少雷达散射截面（RCS）的效果。若任务有所需要，"阵风"可以外加达摩克利斯吊舱，具备全天候制导激光制导炸弹的能力。

在需要目标识别的情况下，"阵风"可以使用整合在机内的front-sector

较 量
制空之王

"阵风"战斗机外观图

"阵风"基本参数

技术数据	长度：15.27米		
	翼展：10.80米		
	高度：5.34米		
	翼面积：45.7米²		
	空重	"阵风B"：10300千克	
		"阵风C"：9850千克	
		"阵风M"：10600千克	
	正常起飞重量：15000千克		
	最大起飞重量：24500千克		
	发动机：2台斯奈克玛M88-2涡扇发动机		
	推力：单台50.04千牛		
	最大燃油量	"阵风B"：4700千克	
		"阵风C"：4400千克	
	最大速度：马赫数1.8（1912千米/时）		
	巡航速度：马赫数0.95		
	爬升率：285米/秒		
	最大升限：15235米		
	最大航程：3400千米		
	作战半径：1852千米		
	翼负荷：328千克/米²		
	推重比：0.988		
	过载：+9.0/-3.6		
武器装备	机炮：1门30毫米口径GIAT30机炮，备弹125发		
	火箭：2具Matra JL-100火箭舱		
	导弹	AIM-9 "响尾蛇"近距空对空导弹	
		R550 "魔术2"空对空导弹	
		超级530D空对空导弹	
		MBDA MICA IR/RF中/短距空对空导弹	
		"流星"主动雷达制导超视距空对空导弹	
		AM-39 "飞鱼"反舰导弹	
		AS 30短距空对地导弹	
		ASMP-A中程空对地导弹	
	炸弹	空军型	"阵风B/C"：挂载点14个
			"阵风M"：挂载点13个
		海军舰载型	BL5系列通用炸弹
			Mk-82低阻力通用炸弹
			各种通用炸弹

electro-optical system或前扇区光电红外搜索与追踪系统（OSF），可工作于可见光和红外线波段。

"阵风"的核心系统采用整合式模块化航电（Integrated Modular Avionics）设计，这个架构掌控了整架战机的核心功能，包括飞行管理、数据整合、火控、人机界面等，仅雷达、电子通信等装备便占了整架战机30%的成本。

"阵风"在服役时使用的是20世纪90年代研发的RBE2无源相控阵雷达，也是西欧国家中唯一使用这种雷达的战斗机。制造商号称该款雷达能在近战、远距拦截等情况下较早发现目标，同一时间内能够追踪40个目标并攻击其中8个；拥有对地模式，能实时产生地形追踪和飞行时所需的三维地形图；能够实时产生高解析图像地图，以作导航及目标标定之用。

RBE2日后被RBE2AA有源相控阵雷达（AESA）取代，RBE2AA于2004年7月开始研发，原型在2009年12月投产，于2010年8月交给法国军方。2012年9月初，第一架换装了RBE2AA雷达的"阵风"战斗机开始在蒙德马桑空军基地服役。有资料显示，新的雷达探测距离增加至200千米，同时改善了追踪能力、可靠性、低雷达截面积目标截获能力，能够提供分辨率高至小于1米的合成孔径雷达图像，并减少了维护成本。

"阵风"虽然服役时间较晚，但其"法国武装力量急先锋"的称号当仁不让。

早在2002年，"阵风"刚刚投入现役一年，"阵风"就随同美国军队对阿富汗进行了军事行动，因其当时还不具备对地攻击能力，在阿富汗只能执行空中巡逻任务。而阿富汗这个饱受战乱多年的贫穷国家几乎没有什么空中力量，"阵风"所谓的空中巡逻首先是一次很难得的战场适应训练机会，其次就是彰显法兰西的军事存在。

紧接着，2011年空袭利比亚，"阵风"是第一种在利比亚上空发动袭击的战机。利比亚战争期间，法国空军的"阵风"总计执行了1039架次，总计

"阵风"执行对地攻击作战任务挂载

4539飞行小时的任务，法国海军执行了616架次，总计2364飞行小时的任务。之后又是在马里、伊拉克、叙利亚等世界热点地区积极参与军事行动，正是因为"阵风"在世界各处参与多次冲突并创下良好战绩，许多法国友好国家对"阵风"产生出强烈兴趣，并引进该型战机。如今的"阵风"畅销世界战机市场，炙手可热，成了法兰西的新名片。

评述

这里我们先谈谈为何"阵风"跟我们前面看到的飞机外观有很大不同，前面多了一对"小翅膀"，这对"小翅膀"是干什么的？对"阵风"有什么作用呢？在回答这些问题之前，首先解释几个比较重要的概念。

先说说高机动性。

对第三代战斗机来说，首先需要强调高机动性，这是空中格斗的基本要素之一。其中较重要的是瞬时盘旋率的提高，它为全向攻击及机头快速指向提供保证。要使飞机具有很高的机动性，必须提高飞机的最大升力系数，这是先进战斗机气动布局设计的基本要求。最大升力受到限制的根本原因在于飞机在大迎角时的气流分离，如何改善或控制飞机大迎角气流分离，是先进气动布局首先要解决的问题。

其次，在最大升力所对应的迎角范围内，飞机的纵横向气动特性必须是稳定的，即飞机是可操纵和控制的，否则不能作战。对于静不稳定的飞机，为防止在大迎角飞行时上仰失控，要求飞机在达到最大升力迎角附近时，具有恢复到平衡状态的能力，即在极限迎角范围内能产生足够的低头俯仰力矩或低头俯仰加速度。以突出中低空机动性为主要设计目标的当代战斗机中，采用的先进气动布局形式有以F-16、米格-29为代表的正常式边条翼布局；以"台风""阵风"为代表的鸭式布局；以苏-33为代表的三翼面布局。它们的共同特点都是利用主翼前方气动面（边条或鸭翼）产生的脱体涡流，来改善大迎角时的机翼流场，产生高的非线性涡升力，推迟失速迎角，提高最大升

"阵风"战斗机

"阵风"战斗机发射"流星"空空导弹

05 欧洲双雄

"阵风"主要改进型号

型号	用途
"阵风A"	技术展示原型机
"阵风C01"	"阵风C"原型机
"阵风B01"	"阵风B"原型机
"阵风M01"和"阵风M02"	"阵风M"原型机
"阵风D"	预生产型号
"阵风B"	空军双座型
"阵风C"	空军单座型
"阵风M"	海军单座舰载型
"阵风N"	海军双座舰载型，后期取消
"阵风R"	侦察型，后期取消
"阵风DM"	埃及空军双座型号
"阵风EM"	埃及空军单座型号
"阵风DH"	印度空军单座型号

力和降低诱导阻力。

"阵风"和下文中我们将要介绍的欧洲"台风"战斗机都属于鸭式布局，那么鸭式布局又是怎么回事呢？

在飞机机翼前上方近距离处配置一副鸭翼，大迎角时鸭翼和机翼前缘产生脱体涡，两者相互干扰，使涡系更稳定、更不易分离，从而产生很高的涡升力，它可使飞机具有较高的机动性，这种布局称为近耦合鸭翼。它的特点是鸭翼与主翼之间距离很近，鸭翼涡对主翼涡有利干扰大，属于脱体涡流型。选择鸭翼是为了提高全机大迎角时的升力，减小配平阻力，有可以接受的纵横向力矩特性。鸭翼的参数包括前缘后掠角、展弦比、鸭翼面积、上下反角及偏度等。

鸭翼的后掠角越大，离机翼越近，鸭翼涡对机翼涡的干扰作用越强。大后掠角鸭翼的脱体涡越强，耦合作用越大。因此，增加鸭翼的前缘后掠角可提高全机大迎角的升力。鸭翼不同后掠角对阻力的影响规律类似对升力影响的趋势，大后掠角鸭面距机翼较近，其气动中心的前移量比小后掠鸭面的稍小。鸭翼面积的大小也直接影响最大升力系数，鸭翼面积与最大升力系数基本上呈线性关系。当然，还与鸭翼的位置有关。

对高机动飞机来说，为提高大迎角升力把鸭翼布置在靠近机翼前缘的上前方，使鸭翼在大迎角时对机翼产生有利干扰涡升力，例如"阵风"和"台风"。这些飞机大多主翼用展弦比为 3.0 以上，前缘后掠角为40度至50度的切尖三角翼，鸭翼后掠角在50度至55度范围。为了充分利用鸭翼和主翼前缘分离涡的相互有利干扰作用，使涡系更稳定，一般近耦合鸭翼布局采用大后掠小展弦比的鸭翼及机翼，总的原则为在机翼上前方不远的位置更合适。

鸭翼的概念简单介绍到这里，下面再来看看"阵风"其他部分又有哪些独到之处。

1985年，法国退出欧洲战斗机计划，英、德（联邦德国）、意、西联合研制了"台风"战斗机，法国则独立完成"阵风"战斗机。"阵风"的优

"台风"

"台风"外观图

"台风"基本参数

技术数据	长度：	15.96米	
	翼展：	10.95米	
	高度：	5.28米	
	翼面积：	51.2米^2	
	空重：	11000千克	
	正常起飞重量：	16000千克	
	最大起飞重量：	23500千克	
	发动机：	2台EJ200涡扇发动机	
	推力：	军用推力：	单台60千牛
		最大推力：	单台90千牛
	最大速度：	高空：	马赫数2.0（2495千米/时）
		低空：	马赫数1.25（1530千米/时）
	爬升率：	318米/秒	
	实用升限：	19812米	
	最大航程：	2900千米（无副油箱）3790千米（配备三个副油箱）	
	作战半径：	601千米	
	翼负荷：	312千克/米^2	
	推重比：	1.15	
	过载：	+9.0/-3.0	
武器装备	机炮：	1门27毫米口径毛瑟BK-27机炮，备弹150发	
	火箭：	2具Matra JL-100火箭发射器，每具最多可携带18枚68毫米火箭弹	
	导弹：	短距空对空导弹	AIM-9"响尾蛇"短距空对空导弹
			AIM-132先进短距空对空导弹
			IRIS-T短距空对空导弹
		中程空对空武器	AIM-120先进中程空对空导弹
			"流星"主动雷达导引超视距空对空导弹
		对海	AM-39"飞鱼"反舰导弹
		对地	AGM-65"小牛"近程空对地导弹
			AGM-88高速反辐射导弹
			"硫磺石"空对地导弹
			"金牛座"KEPD350远程空对地导弹
			SPEAR3空对地导弹
	炸弹：	挂载点13个，共载重9000千克	
		激光制导炸弹	
		Mk-82低阻通用炸弹	
		联合直接攻击炸弹（JDAM）	
		GBU-39小直径炸弹等各种通用炸弹	

势主要体现在多用途作战能力，经过不断改进，"阵风"后续改进型号还拥有对海打击、核打击与侦察能力。再说细节，"阵风"和很多常规布局战斗机还有一个明显区别在于进气道的设计。"阵风"采用两侧肋部半埋式进气道，这种进气道设计虽然在大迎角和侧向机动性方面有所损失，但非常有利于飞机自身的隐身。"阵风"还大量使用了复合材料，复合材料具有结构牢固、重量轻和降低雷达反射截面等特性。"阵风"在部分区域喷涂了雷达吸波涂料，虽然不是全隐身战斗机设计，但法国人将细节做到了极致。还有航空电子设备及雷达火控系统，"阵风"早期型号使用的是泰雷兹公司RBE2无源相控阵雷达，无源相控阵雷达扫描速度快，精度高，对雷达反射截面5米^{2}的目标探测距离约为140千米。最新"阵风"F4改进型升级为RBE2AA有源相控阵雷达，对空探测距离提升至约200千米，可同时跟踪40个目标，对其中8个目标进行分析，选择4个目标进行攻击。RBE2AA雷达火控系统的配置，使"阵风"的超视距攻击成为可能。有了一双好眼睛，武器的搭配也要跟得上。"阵风"挂载最新"流星"远程空空导弹，"流星"远程空空导弹采用双向数据链，具备更强的可控性，抗干扰能力进一步提升。此外，"流星"远程空空导弹使用了变流量冲压发动机，射程最远约为140千米，变流量冲压发动机在速度和燃料控制方面独树一帜非常优秀。

优秀的雷达火控系统，优异的空空导弹，再加上成熟独特的气动设计，"阵风"不愧为新时代的"法兰西之矛"。

欧洲"台风"

"台风"战斗机（Eurofighter Typhoon）是一款双发，三角翼气动布局设计的超声速中型多用途战斗机。

在前文讲述"阵风"战斗机的诞生历程中，我们已经讲到了"阵风"的设计初衷和"台风"战斗机的出现。法国的需求与欧洲各国不同，法国拥有强大的海军，需要一种海军和空军都能装备的战机，空军飞机负责夺取制空权和对地攻击等任务，海军则需要航空母舰的舰载机，这与欧洲单纯制空战斗机研制计划背道而驰，所以后期法国退出了欧洲战斗机计划（FEFA）。

"台风"与"阵风"类似，都采用鸭翼无尾三角翼单垂尾双发布局，"台风"的进气道位于机身下侧，前期为矩形设计，后期不断调整，形成了服役时类似"笑脸"的结构。这种进气道对大迎角飞行性能和高速飞行性能提升很大，却不利于飞机的雷达截面隐身。

"台风"战斗机于1994年3月27日首飞成功，2003年8月4日进入部队服役。"台风"战斗机采用主动控制数字电传操纵系统，具有任务自动配置能力，有媒体夸赞"台风"是欧洲主战装备中个头最大、综合实力最强的战斗机。20世纪70年代，美国F-14、F-15和F-16等第三代先进战斗机相继装备部队，苏联米格-29和苏-27也在紧锣密鼓试验试飞中，欧洲各国确实希望战斗机项目由本国自行研制与制造，欧洲的天空当时还是以F-4、F-104和"幻影"等飞机为主力，地处冷战前线的欧洲国家面对苏联战机稍显疲弱。但欧洲各国国土面积普遍较小，研制先进战机对经费和科研的需求单个国家难以支撑，团结就是力量，这句话放在"台风"战斗机计划中尤为适合。

其实"台风"起源于第二次世界大战之后。经历了二战战火摧残的欧洲，满目疮痍破烂不堪，欧洲人为了防止纳粹和法西斯的极端民族主义暴行再次上演，1946年9月，时任英国首相丘吉尔提出建立"欧洲合众国"的概念。1951年《巴黎条约》签订，这份约的意义在于限制德国，使其无法再次发动战争。到了1965年，《布鲁塞尔条约》的签订，大大加快了欧洲一体化的进程，该条约于1967年生效，这就是欧盟的前身：欧共体。

欧共体的成立将欧洲的重工业和原材料生产基地拆分，欧洲一个国家几乎无法独立完成大工业机器生产，需要其他国家共同完成。如今的空中客车飞机为多国联合制造，就是此种模式下的产物。所以欧洲战斗机由几个国家联合完成也就顺理成章了。当然，法国因为大法兰西思潮的影响，自己独立

"台风"战斗机

欧洲双雄

研发"幻影"和"阵风"是一个特例。

20世纪70年代，正值冷战高峰，面对苏联大兵压境，大洋彼岸的美国对身处苏联武装力量一线的欧洲鞭长莫及，欧洲急需一种高性能战斗机抗衡苏联第三代先进战斗机。这种战斗机需要极佳的超声速能力，低空低速机动能力，较优秀的态势感知能力和战争条件下较短距离从部分被毁坏的机场起飞降落能力。而该战斗机最应该达到的目标是较远的航程和较大的速度，在第一时间消灭敌方战略轰炸机，保卫已方城市和重要军事设施。"未来欧洲战斗机计划"最早由法国、联邦德国、英国、意大利和西班牙发起，但后续研制计划的推进并不顺利。法国退出，独立去研制自己的"阵风"战斗机。剩余四国在1986年成立了欧洲战斗机公司（Eurofighter GmbH），总部位于德国的巴伐利亚。最初的战斗机生产服役计划是英国232架，德国180架，意大利121架，西班牙87架，但后期因成本及环境变化，采购数量略有调整。

"台风"战斗机有四条不同公司的生产线，各自生产部分零件，最后负责组装自己当地国的最终成品飞机，任务分配是这样：

- 阿莱尼亚宇航公司：左机翼、外襟副翼、后部机身一段。
- 英国航太系统公司：前机身、座舱罩、背骨、尾翼、内襟副翼、后部机身一段。
- 空客集团德国分部：主机身。
- 空客集团西班牙分部：右机翼、前缘缝翼。

2003年7月8日，欧洲战斗机公司完成了"台风"认证书的签署，标志着"台风"战斗机可以正式投入现役部队。"台风"战斗机相比于"阵风"，更加强调高空高速能力，注重飞机的推重比和远程截击能力。

评述

"台风"也是看到了鸭式无尾三角翼布局的先进性，偏转鸭翼可令飞机进行俯仰，使飞机机翼获得更高的升力，实现了更多的控制权限。虽然"台

较量
制空之王

风"强调高空高速性能的截击能力,但并没有降低近距空中格斗机动性的要求,采用鸭式布局亦证明"台风"是一种兼顾高中低各空域战斗力的全面型综合战斗机。谁说鱼和熊掌不可兼得?看看"台风"。

《孟子·告子上》中有一篇大家都熟知的著名文章。其中一句话为"鱼,我所欲也,熊掌亦我所欲也;二者不可得兼,舍鱼而取熊掌者也。生亦我所欲也,义亦我所欲也;二者不可得兼,舍生而取义者也"。这句话在本书中其实可以修改为:高空,我所欲也,格斗亦我所欲也;二者兼而得之,此欧洲"台风"也。

EJ200,"台风"的动力之源,欧洲战斗机公司研制的双转子加力涡扇发动机。得益于优秀的气动设计,加上EJ200加力状态下90千牛的强大动力,"台风"战斗机是世界上为数不多的可以实现超声速巡航的战斗机。这种能力在战场上是一种巨大优势,可以快速到达,快速撤出,对于空战主动性的把握十分自如。在高技术条件下的空战中,谁能够抢得先手,占据先机,谁的获胜把握就更大。ECR-90"捕手"火控雷达系统属于脉冲多普勒雷达,相对于世界空军大规模换装相控阵雷达的今天来讲有些落后了。相关资料显示,"台风"即将换装新式"凯撒"相控阵雷达,亡羊补牢,未为晚也。

"台风"战机远程打击依靠雷达及各式支援相互配合,近距格斗方面,"台风"也有自己的绝活。"台风"飞行员头盔上的"打击者"综合显示系统可使飞行员在空战中不用分神观察机舱内仪表,各式信息直接显示在头盔上。座舱内"玻璃化"综合仪表系统科技含量高,可靠性强,也是有助"台风"在近距空战中获胜的利器。"台风"还采用语音控制操纵杆系统,使用声音命令可实现模态选择与数据登录,20余个传统按键设备,飞行员只需语音命令即可实现操控,这显然是"台风"的绝技。

"台风"也同样可挂载"流星"远程空空导弹,27毫米口径机炮、多个武器挂点及弹药样式令"台风"如虎添翼。"台风"也安装有类似苏-27装配的红外搜索/跟踪系统(IRST),这也增加了"台风"在近距空战中的获

"台风"主要改进型号：
目前只有单座和双座教练型号。

"台风""击落"F-22（模拟空战）

胜概率。

"台风"的近距空战能力到底有多强？有资料显示，"台风"参加美国"红旗军演"时，曾在模拟空战中"击落"了F-22"猛禽"战斗机。尽管这是军事演习模拟空战，演习中也有很多限制和条件预设，但能够"击落"F-22也绝非善类。当然，以此来吹嘘"台风"就大可不必了。真实的空战中，具有高度隐身能力的F-22几乎不会与"台风"过早陷入"狗斗"，一定是先敌发现先敌开火，大概率是"台风"在没有任何提前预警的情况下就被击落了。关于隐身战斗机的详细介绍和隐身化空战模式我们将在后文阐述，欧洲"台风"极强的全方位空战能力还是非常值得大书特书的。

棋逢对手

棋逢敌手，密行难藏。
琴遇知音，希声乃布。
摩竭正令，同道方知。
捏聚放开，悟迷一决。

宋人释道宁的《偈六十九首》，用来形容这对战机界的"卧龙凤雏"再合适不过，"阵风"和"台风"这对"欧洲双风"真可谓棋逢对手势均力敌。还有一种说法，加上瑞典JAS-39"鹰狮"战斗机，这三型飞机是欧洲三雄。此种说法值得商榷，若说"阵风"和"台风"在一个档次比较合理，但"鹰狮"属于轻型战斗机，无论体量、大小和战斗力都无法与"双风"抗衡。虽然也是鸭式布局，但单发小身板的JAS-39加入所谓"三雄"有些欠妥。

前文中我们经常提到脉冲多普勒雷达和相控阵雷达，这两种雷达我们还需简单了解一下。

"阵风"战斗机

脉冲多普勒雷达：

先说说什么是多普勒效应。1842年，奥地利物理学家克里斯蒂安·多普勒首次发现多普勒效应，即物体的相对运动会引起频率的增大或减小。当物体和波源相背离时，波长会增大，频率会降低，称为多普勒红移；当物体和波源相向运动时，波长减小，频率增大，称为多普勒蓝移；根据探测到的多普勒频移，可以计算出物体的速度及其他信息。

军用飞机的雷达使用中，多普勒效应有两个主要优点。首先，雷达对反干扰措施更加稳定，来自天气、地形和箔条等信号在检测之前已经被过滤掉，从而减轻了计算机和飞行员在恶劣环境中的负担。其次，针对低空目标，对径向速度进行滤波是一种非常有效的方法，可以消除始终为零速度的地面杂波。低空飞行的军用飞机具有反制敌方雷达跟踪警报，可以垂直转向敌方雷达以抵消其多普勒频率，这通常会打破锁定并通过躲避更大的地面回波来驱动雷达关闭。所以之前的苏-27也好，米格-29也罢，当年它们没有首先选择脉冲多普勒雷达从而造成下视下射能力欠佳，这是一个决策性失误。我们不能单纯一味地讲苏联电子火控水平落后，那时米格-31已经安装了相控阵雷达，苏-27是可以改装的，这其中的理由前文我们已经解释过，这里就不再占用篇幅了。

相控阵雷达：

再谈谈什么是相控阵雷达。相控阵通常是指电子扫描阵列，一种计算机控制的天线阵列，它产生一束无线电波，可以在不移动天线的情况下，通过电子控制指向不同的方向。在一个简单的阵列天线中，来自发射器的射频电流被反馈到具有适当相位关系的多个单独天线元件，以便来自独立元件的无线电波组合（叠加）形成波束，以增加在所需方向上的辐射功率和抑制不需要的方向辐射。在相控阵中，来自发射器的功率通过移相器馈送到辐射元件，由计算机系统控制，该系统可通过电子方式改变相位或信号延迟，从而将无线电波束转向不同的方向。由于天线阵列的尺寸，必须扩展波长才能实现窄波束宽度所需的高增益，因此相控阵主要适用于无线电频谱的高频端，即UHF和微波频段。

相控阵雷达最初被应用于军用雷达系统，用于引导无线电波快速穿过天空以探测飞机和导弹。这些系统现在被广泛使用，已扩展到民用领域。相控阵原理也用于医学超声成像扫描仪（相控阵超声波）、油气勘探（反射地震学）和军用声呐系统。

简单说就是无须旋转和移动天线，可以向不同方向发射电磁波用以探测的雷达系统。相控阵雷达又分为以下四种：

- 动态相控阵雷达
- 固定相控阵雷达
- 有源相控阵雷达
- 无源相控阵雷达

相控阵雷达具有多目标跟踪能力，功能多样性，抗干扰能力强等诸多优点，是新时代战斗机的首要选择。军用战斗机主要装备有源相控阵雷达和无源相控阵雷达。早期"阵风"和俄罗斯的苏-35都装备无源相控阵雷达，"台风"的后期型和美国F-22等战斗机装备有源相控阵雷达，脉冲多普勒雷达已经开始逐步被相控阵雷达所替换淘汰。

"台风"装备的脉冲多普勒雷达和"阵风"的无源相控阵雷达哪一个更强一些呢？是不是"阵风"的相控阵雷达更好些？

这里还是要说明一下，无源相控阵雷达于20世纪80年代已经研发成熟，但性能却没有比当时更加可靠的脉冲多普勒雷达更进一步，"阵风"的RBE2与"台风"的ECR-90性能处于伯仲之间，没有证据显示RBE2有高人一等的性能优势。ECR-90脉冲多普勒机械扫描雷达，这是"台风"早期的选择，因为当时没有成熟的有源相控阵雷达，选装成熟稳定可靠的脉冲多普勒雷达是比较明智的选择，且可快速装备部队，待新式雷达火控系统成熟稳定，可以随时换装。后期的"凯撒"有源相控阵雷达性能先进，成熟可靠，令"台风"的战斗力更上一层楼。当然，"阵风"也不甘落后换装了RBE2AA有源相控阵雷达，"台风"和"阵风"的雷达火控系统都极其先进成熟，性能十分突出。

再说空战能力，"台风"的空战能力毋庸置疑要比"阵风"更优秀一些。前文我们讲过，"台风"曾经在"红旗军演"中模拟"击落"F-22。还有在2005年的模拟格斗中，一架"台风"被两架美国F-15E攻击，不但成功摆脱，还对F-15E进行了反杀。虽然F-15E属于战斗轰炸机，但其空战能力并不弱，类似俄罗斯的苏-30，F-15E的空战格斗能力也不差于F-15C/D，所以很多真实事例都说明"台风"拥有极其强大的空战能力。英国防卫评估室的评估结果认为，"台风"的战斗力仅次于美国F-22"猛禽"战斗机。当然，"台风"最擅长的还是高空高速能力。之前我们谈起米格-21和F-104时，对于那个时代的高空高速空战理念十分不认同，落后且单一，中低空性能欠佳。"台风"这种新式战斗机又提倡起高空高速，不过这不代表"台风"放弃了中低空格斗能力，"台风"属于很另类的全面型选手。

"阵风"截至2022年总产量约240架，出口至埃及、印度、卡塔尔等国空军，单价6000万美元起。"台风"截至2022年总产量约660余架，除欧洲四国之外，还出口至沙特阿拉伯、科威特等国空军，单价约1.37亿美元。不得不说，"台风"不是穷国的战斗机，造价实在有些昂贵，甚至比肩美国主力战机F-22"猛禽"，这也限制了"台风"的出口前景。

综上所述，"欧洲双风"的战斗力都十分可观，"阵风"有法国特色，"台风"性能全面，面对俄制新式苏-35等战斗机不落下风，甚至更优秀。"台风"稍显"腿短"，作战半径仅600千米（不携带副油箱），与米格-29这种"油老虎"相仿，大大限制了"台风"的活动范围，是"台风"一个十分突出的缺点。不过"阵风"也没有好到哪里去，几乎相等的航程和作战半径，这与欧洲国家国土狭小不无关系。但两型飞机携带副油箱的总航程在3400~3700千米，对于小国空军来讲也够用了。我们不止一次提到，战斗机的研发都是按照本国空军使用情况来定，如果国土面积大，幅员辽阔，那么

"欧洲双雄"

大航程远距战斗机就是发展的重点,反之,英法德等国空军没有超大航程的负担,国土防空才是中心任务,那么航程不算特别远也就无可厚非。"欧洲双风"都可进行空中加油,战时通过各种支援飞机也一样能轻松完成多类型作战任务。

有一点与美俄不同,欧洲的战斗机从设计到制造都追求少而精,战斗机制造工艺极其讲究,空中武器堪比工业艺术品。就如同性能先进强大的德国"豹2"坦克,虽然战斗力强悍,但数量较少。反观俄制装备,米格和苏霍伊系列动辄几百上千架,飞行寿命也较低,部件更换率较高,这还是作战指导思想的问题。倘若冷战变成热战,欧洲小国难以支撑苏联的钢铁洪流,反击力量还是要以美国为主,欧洲的装备确实只能以辅助角色参加对抗。大批量装备不但财政支出无法承担,后勤和飞行员的培养训练也是捉襟见肘,少而精的装备策略也符合欧洲国家的基本情况。

06

较量
制空之王

海空争雄

较量
制空之王

苏-33"海侧卫"

苏-33"海侧卫"的命运与苏联航空母舰一样曲折，不断更改最初设计方案。

1971年，苏霍伊设计局开始设计舰载型苏-27飞机（代号T-10K），实际上它是与苏-27原型机方案的研制同时启动。一方面，舰载机方案也伴随着陆基方案的不断演变而成长、发展，同样走过了曲折的道路。另一方面，它的发展也不可避免地受到航空母舰研制进程的影响。

在这些探索过程中，第一阶段工作需要深入研究造船工业部的内部细节，尤其是编号为1160的舰船方案，其代号为"勇士"。这艘舰船的总师单位是涅夫斯基船舶设计局，该设计局计划建造一艘排水量为8万吨级的航空母舰，采用核动力驱动，船上将安装三套蒸汽弹射装置，能够装载60~70架各种用途的飞机。除飞机外，海军方面还要求舰上安装成套的反舰导弹装置（PKR）"花岗岩"，作为攻击性导弹武器。从整体性能看，这艘航空母舰的作用更像是巡洋舰，因此，其正式称呼为载机巡洋舰。在1971年前设计局已经完成了这艘航空母舰的预先方案设计工作，但军方要求设计局细化舰上航空武器的组成架构。

因此，1971年6月5日，苏联军委会下达了第138号决议，要求航空工业部几家主机设计局开展舰载机预先研究，并在1972年提交舰载专用飞机和直升机方案，用于驻扎在1160号航空母舰甲板上。涉及的设计局包括别里耶夫水上飞机设计局、卡莫夫直升机设计局、米高扬设计局和苏霍伊设计局。1971

苏-33"海侧卫"

年7月，苏霍伊设计局从空军得到第一份顶层文件《关于研制舰载歼击机的战术技术任务书》。1972年2月，设计局又收到三份战术技术任务书，都是关于研制舰载专用飞机的，包括舰载强击机、舰载侦察和目标指示飞机、重型歼击机。

在这项工作初期阶段，苏霍伊设计局方案室研究了各种可能的布局方案，其中包括许多原创性方案，有些方案与苏-27飞机原始翼身融合体布局相去甚远。最后设计局决定，不再进行发散式探索，将该项目整合，按照用途研制系列舰载机。1972年底，设计局发布了整合后的舰载机预先设计方案，总代号为"暴风雪"，其中包括如下设计方案：

- 舰载歼击机苏-27K（"闪电"-1）。
- 舰载强击机苏-28K/苏-27SH（"雷暴"）。
- 舰载侦察和目标指示飞机苏-27KRTS/苏-28 KRTS（"温贝尔"）。
- 重型舰载歼击机苏-29K（"闪电"-2）。

所有这些飞机方案都以苏-27原型机T-10-3布局为原型，当时这个布局也是陆基苏-27飞机的基本布局。1982年5月，经过反复修改指标的1143.5型航空母舰方案终于确定，这时苏-27最新改进型T-10S（"侧卫"B）都已经首飞一年了。

从1984年开始，由T-10S飞机改装的苏-27K舰载机项目正式全面展开。新舰载机使用T-10-25飞机进行重新设计制造，机尾加装尾钩的同时改进襟副翼，增加襟副翼面积并增大偏转角度。1984年7月，T-10-25飞机由试飞员萨多尼科夫首飞成功。

1985年底，T-10U-2双座试验飞机开始替代T-10-25飞机继续进行试验。这架飞机按照舰载机标准进行改装，年底首飞，继而投入到紧张的试飞队伍中。在1984~1986年这段时间，T-10-24飞机加装了前翼。飞行试验结果表明，加装前翼有助于提高飞机起飞降落时的升力，飞机的焦点在前翼，变成了静不稳定布局，代价是增加了重量。本身舰载机就有很多改装增加不少的重量，这样一来又增重不少。经过大量飞行测试对比，设计人员认为即使增加了一定重量，有前翼的飞机很多方面飞行特性更好，所以该方案最终确定为舰载机生产布局。

最终布局确定的情况下，工厂开始正式生产T-10K-1飞机。T-10K-1飞机又有诸多项改进，比较明显的是增加了空中加油装置，改进了尾椎设计，有利于航母着舰。在设计局和工厂全面提速下，1987年由普加乔夫驾驶T-10K-1飞机首飞成功。从另一种角度来说，这也是1143.5型航母舰载机苏-33飞机真正的首飞日期，因为T-10-3飞机只是前期技术性探索，而定型飞机是以T-10K-1为基础的。很遗憾，这架有着光荣历史的T-10K-1飞机飞行生涯却很短暂。1988年9月27日，例行飞行试验中T-10K-1飞机不幸坠毁，试飞员萨多尼科夫虽然成功跳伞逃生，但他脊椎骨折，从此告别了飞行生涯。

1989年11月1日，普加乔夫驾驶T-10K-2飞机完成了苏联历史上航空母舰上的首次常规拦阻着舰。此后，普加乔夫在舰上各种气候条件和夜间多次进行大强度飞行试验，为苏-27K赢得声誉，也为苏联航空母舰舰载机项目奠定基础。舰载机项目和新型远景歼击机项目一样，还是采用相互竞争的模式，由米高扬设计局的米格-29K和苏霍伊设计局的苏-27K一起试验，以评估实际性能。

从1988年起，来自军方第8研究所的试飞员也逐渐加入到试验中，与设计局试飞员一起利用T-10U-2和普通的苏-27生产型飞机进行试验研究。试飞员利用这些飞机在斜板跑道上进行模拟起飞，或者不改平就直接用光学系统"月光"进行着陆，飞机下滑角达到了4度，超过原来的2.5度至3度，因此，设计人员对起落架强度增加了使用限制条件。从苏-27K开始试验那一天算起，已经过去了两年多的时间，这期间该机型取得了很大的成功。从1987年至1989年，苏霍伊设计局在舰载机项目上所完成的总有效起降达到了1340个，其中苏-27K试验机完成了790个，陆基飞机也完成了大量试验任务。这些试验证明苏-27K满足军方提出的战术技术要求，包括作战使用、技术特性和使用维护要求。飞机完全可以转入下一阶段的试验：上舰。

与苏霍伊设计局所表现出的积极进取有所不同，竞争对手米高扬设计局所取得的成就乏善可陈，两者形成鲜明对比。1988年6月23日，试飞员阿乌巴基洛夫驾驶第一架米格-29K试验机完成首飞，这比T-10K-1的首飞晚了整整一年。这架飞机与T-10K-1飞机类似，机上几乎没有安装任何任务载荷设备，主要用于完成研制试飞第一阶段的试验任务，确定飞机的飞行技术性能，在"尼特卡"综合试验设备上解决舰载起飞和着陆问题。由于没有人督促米格-29K的飞行试验，在整整一年时间里，这架飞机只完成了气动力特性试验，仅飞行33个架次。到了1989年8月7日，飞机才首次在萨基机场露面。

综上所述，在1987年至1989年期间，苏霍伊设计局加快了舰载机的研制进度，在舰载机项目的竞争中领先于米高扬设计局。很显然，苏霍伊设计局所完成的工作量多于对手，在军方选择舰载机的组成架构时，军方的立场明显有利于苏-27K。

苏-27K飞机凭载弹量更大，滞空时间更长，飞行品质更好等一系列优点，赢得了军方认可。但米格-29飞机的优势在于机身小巧，设备先进，可使航母容纳更多数量的飞机，这也是苏-27K设计师西蒙诺夫面临的最棘手最头疼的问题。随后西蒙诺夫向航空工业部保证苏-27K的展向尺寸一定会小于米格-29K的，军方也支持苏霍伊设计局的立场。但保证是一回事，实际操作又是另一回事。西蒙诺夫再一次体现出自己强硬的一面，更改苏-27K的机翼和尾翼，使改进后的机翼和尾翼达到了航空工业部和军方的要求。不可回避的是，米格与苏霍伊从陆基新型远景歼击机开始，到航空母舰舰载机方案一直在竞争，这里面当然有技术竞争的原因，但背后也有着更深的政治意味。苏联官方不想看到一家独大形成垄断，也需要两个阵营之间相互牵制，这样既可以让双方感受到切实的技术压力，努力提高自己的飞机性能以压制对手赢得竞争，又可以平衡苏联军工企业，可谓一举两得。用一句俗语：小算盘打得真妙。事实也是如此，苏-33舰载机在如今的装备序列中已然十分落后，苏

联主体继承者俄罗斯再一次提出，使用最新的米格-29K替换苏-33作为航母舰载机。这样的事情，早在30多年前已经发生过好几次了。

1990年，苏联军方做出最后决定，为1143.5型航空母舰舰载机编队选择具体舰载机机型，当事人弗罗洛夫和费多索夫这样写道：

当时形势已经十分明朗，研制两型舰载机显然不合理，各方争论的焦点又落回一点，究竟选择哪一型飞机继续进行研制？

苏-27K飞机具有较大的作战半径，作战载荷重量也是米格-29K的1.5倍，但其火控系统不支持R-77导弹的使用，也不具备对海面和地面目标的攻击能力。米格-29K飞机上所使用的S-29M火控系统，既能够保证空空导弹的使用，也能保证空舰导弹的使用，例如X-31A空舰导弹。但是米格-29K飞机的作战半径明显不足，无法有效对抗敌方携带大量空舰导弹的攻击型飞机。除此之外，米格-29K所能携带的作战载荷明显少于苏-27K。由于1143.5型航空母舰的舰载机机群对水面目标和岸上目标实施有效打击并不是其主要作战任务，因此，军方最终决定选择苏-27K作为唯一一型舰载机继续进行研制。

正在苏霍伊设计局如火如荼地进行大密度高强度飞行试验的时候，1991年苏联解体了，这为苏联整个国家带来了非常沉重且无法预测的严重后果。此时正值苏联海军航空兵苏-27K飞机联合鉴定试飞阶段，项目不得不半途而废，一切陷入停滞。国旗由镰刀斧头更换成白蓝红三色旗，苏霍伊设计局的舰载机鉴定试飞举步维艰。在经历了那个特殊时代带来的磨难和积极争取之后，1998年8月31日，俄罗斯联邦总统签署命令，正式将苏-27K更名为苏-33，舰载机研制试飞之路终于到达终点，飞机进入部队服役，但航母只有一艘"库兹涅佐夫"号。

评述

目前俄罗斯仅有一艘从苏联时期继承来的"库兹涅佐夫"号航空母舰，而"库兹涅佐夫"号航空母舰没有像美国超级航空母舰一样使用弹射起飞方

苏-33基本参数

技术数据	长度	21.94米
	翼展	14.70米
	高度	5.93米
	翼面积	62米²
	空重	18400千克
	最大起飞重量	33000千克
	发动机	2台AL-31F3涡扇发动机
	推力	单台最大推力125.57千牛
	最大速度	马赫数2.17
	巡航速度	马赫数0.95
	爬升率	230米/秒
	实用升限	18000米
	最大航程	3000千米
	翼负荷	483千克/米²
	推重比	0.83
武器装备	机炮：一门GSh-301航炮	
	各式航空火箭弹、空空导弹、对地、对舰攻击导弹	

苏-33外观图

式,采用的是滑跃起飞阻拦着舰。苏-33舰载机不能在加满燃油及满挂武器状态下起飞,否则会因为飞离甲板的瞬间机身过重而倾覆。这严重限制了苏-33的战斗力,也是苏-33在航母使用中的比较大的遗憾。

顺便说一下,"库兹涅佐夫"号航空母舰自2017年起,开始进行大规模整修,因为维修和技术上的问题导致数次延期,据称最快在2024年才能重新回到海军服役。目前苏-33舰载机因为航母的原因,英雄无用武之地。

苏-33(当时苏霍伊设计局局内代号为T-10K)相比陆基型苏-27增加了空中加油装置。其伸出的受油探杆位于前机身左侧,机内输油管路进行了相应改进,飞机加油组件移到了前起落架舱内,设计人员在机身前挂点研究了悬挂伙伴加油吊舱的可行性。由于机翼折叠部分的内部空间加大,从而使机内总油量增加,但由于后机身油箱合并使总油箱数量减少。

在研制苏-33时,由于之前的试验飞机T-10-25在一次飞行事故中坠毁,所以1985年底设计局又启用了一架T-10U-2飞机继续进行飞行试验。紧接着,在T-10-24飞机上,苏霍伊设计局创造性的增加了一对前翼。通过一段时间的飞行试验后,证明带前翼的新布局具有良好的飞行性能,因此,设计局决定在新改型的苏-27M(也就是今后大名鼎鼎的苏-37)飞机上使用前翼。就在大家还在讨论类似布局舰载机的优势时,设计局的气动专业人员已经达成一致意见,他们认为使用前翼后飞机得到了明显的优势。飞机焦点前移,变成了静不稳定布局,降低了机翼局部迎角,从而改善了机翼表面气流,最终提高了飞机升力值。使用前翼所带来的这些优点归结到一条:保证了飞机起飞和着陆(舰)状态所需要的升力特性。这对已经超重的舰载机十分重要,前翼还可以保证飞机在大迎角飞行状态所需要的低头(下俯)力矩余量,这是飞机着陆状态的典型特征。反对一方则认为:使用前翼后,飞机阻力增加,飞机结构增重,还有一个更重要的因素,那就是时间周期。为了在飞机上使用前翼,需要对苏-27K飞机进行结构大改。为此,设计局领导决定进行飞行试验,看看实际效果。

较量
制空之王

1986年9月，T-10-24试验机与T-10U-2试验机一同进行试验。试飞员布加乔夫、萨多夫尼科夫和沃金来夫驾驶T-10-24飞机完成了13次飞行试验，用于评价飞机斜板起飞特性和不用改平进行着陆的特性，飞行员使用"月光"光学系统以4度下滑角完成了着陆。这些试验产生了效果，设计局做出决定，在苏-27K飞机上使用前翼。为了缩短研制周期，总设计师下令，在T-10-24飞机上直接进行几何外形改进，增加前翼。

前翼的优点和缺点同样明显，改善飞行性能的同时可以很好地适应航母着舰需求，但结构改变很大，增重尤其明显，降低了飞机的机动性，这是苏-33舰载机无法回避的事实。

这里要补充一段说明，苏联为何没有选择和发展类似美国超级航母那种弹射起飞的方式呢？许多相关历史文献资料显示，弹射起飞方式有一定技术难度，滑跃起飞方式对航母舰艇本身技术含量要求低。我们前文讲过，为了飞行安全，滑跃起飞时飞机不能携带满油满弹，这严重限制了航母舰载机的作战效能。任何武器装备的发展都不是单纯为了大而全就把所有高技术设备直接堆砌起来，每一件装备都要符合本国国情。

苏联航空母舰的使用理念与美国有非常大的区别。美国航母编队以航母为中心、舰载机前出为矛、周边护航舰艇为盾的整体舰艇编队，俗称航母打击群。整只航母编队就是一个攻击群，上有预警机下有核潜艇，前有舰载机后有护卫舰艇，以航母打击群为中心，划定打击范围夺取制空制海权。反观苏联，受地理条件所限，鲜有不冻港，把本该集中出击的海军舰艇攻击群分为了四个方向的舰队，几个舰队之间相互没有依托，战时几乎无法彼此支援，极易形成各自为战的窘迫处境。苏联海军在"航母是浮动棺材"的错误指导思想下，大力发展远程洲际导弹和核潜艇，一旦爆发大的军事争端，会将冲突和战争直接提升为世界性核大战。在此指导思想下，核潜艇成了苏联海军的核心装备，航空母舰的作用是在战时保护核潜艇，驱逐敌方舰队，掌握区域制空权，使核潜艇能够安全发射洲际导弹。本该是作为海军核心的航

雅克-38

空母舰，现在成了"带刀护卫"，"载机巡洋舰"的概念就是这样被苏联军方提出。也就是说，苏联海军航母编队的作用不是为了消灭对方航母编队，仅是用于保护水下核打击力量。苏-33舰载机在服役初期只单纯执行制空任务，也是因为在这样的指导思想下。这也解释了为何苏制航空母舰满身各式武器，他们的航母也确实有些巡洋舰的味道，这一点可以从之前的苏联航母身上明显看出。如"基辅"级航母，使用短距垂直起降的雅克-38舰载机。

综上原因，苏-33不需要像美国航母编队舰载机一样的大机群大航程大的弹药携带量，满足舰艇编队自身需求即可，滑跃起飞相对弹射起飞也更经济，技术难度小得多。我们这里所说的技术难度，指的是舰艇设计制造难度，从飞行员的角度来讲，滑跃起飞比弹射起飞难度要大，技术要求要高。当然，即使不需要前出八九百千米去主动攻击，只需掌握区域制空权，舰载机也不能过小，自身航程极其有限的米格-29K显然还是不合适的。

弹射器，原理理解起来并不难，利用压缩气体瞬间增压，将舰载机"扔"出航母。不过明确了原理是一回事，是否能够制造又是另一回事。弹射器在较长的轨道中将飞机瞬间加速到起飞速度，需要保证蒸汽不能泄露，封装工艺难度较大，苏联当时是否掌握相关技术这一点有待商榷。苏联号称掌握了技术，但时至今日，俄罗斯未来航母计划中，依旧采用滑跃起飞方式。

苏-33基本沿用了苏-27航空电子设备和火控雷达，仅有少部分为了上舰而进行优化。N001火控雷达我们谈过，这实在不是一款可以称之为优秀的设备，探测距离、抗干扰能力以及下视下射能力都较弱，对抗同时期西方战机没有优势。苏-33为了增加升力加装了小翼，成了三翼面飞机，虽然更换了三轴电传飞控，但因为飞机需要承受更大的冲击力，所以结构重量的增加是无法避免的。

大航程重型舰载机苏-33，完成了它作为苏联海军固定翼舰载机的使命，在那个时代保卫了国家的安全，守护着舰队的蓝天。技术的落后，飞机本身的限制，航母的条件，都极大削弱了重型舰载机的作战效能。早期陆基版

苏-33

主要改进型号

型号	用途
苏-27KP	电子干扰型,未服役,计划取消
苏-27KM	双座型方案,没有实施
苏-27KU	双座型,中途取消
苏-27KPP	以双座型为基础研发电子干扰机方案,计划取消
苏-27KRT	侦察型,计划取消
T-10KUB	后续研发工作取消

苏-27

陆基苏-27与舰载苏-33外形直观对比

苏-27因为超重和材料、航电及设计的落后，在空战中面对北约F-15是否可以全身而退都要打一个问号，何况进一步增重又没有什么重大技术进步的舰载版苏-33了。

F/A-18"大黄蜂"

第二次世界大战期间，日本偷袭珍珠港、英国奇袭塔兰托、中途岛海战、珊瑚海海战等大规模海战，使大舰巨炮主义的战列舰黯然失色，海军航空兵投送力量和以航空母舰为主的航母战斗群成为新的海洋霸主。

美国海军对舰载机在海战中的强大攻击力和无可替代的作用，有非常深刻的认识，美国海军也是迄今为止拥有航空母舰数量最多、海军航空兵经验最丰富的海军强国。冷战后，东西方两大阵营剑拔弩张，世界始终笼罩在核大战的阴云之下。古巴导弹危机，越南战争，每一次军事力量的投送和威慑，必有航母战斗群作为美国霸权主义的急先锋。无论从舰载机的使用经验还是设计制造，美国海军始终走在前列，对于航空兵器的运用也颇有心得。在美苏激烈军事竞赛的背景之下，消灭对方远程战略轰炸机成了各自的优先发展目标，航空母舰这种远离本土前出大洋的攻击平台，自然而然也成为远程截击机的活动机场。

美国的舰队防空作战全新构想在20世纪50年代被提出，以航空母舰作为重心，舰上携带数量较多、具有多目标攻击能力的超声速截击机。截击机需要较大作战半径，可发射先进远程导弹。数艘航空母舰组成庞大机动部队，数量庞大的舰载截击机形成超级截击机群，以此对抗苏联的空中威胁。根据此构想的要求，美国各大军火制造商开始研制远程截击机和远程空空导弹，麦克唐纳·道格拉斯公司的F-4"鬼怪"式战斗机就这样诞生了。

而经过越战洗礼的美国海空军发现，高空高速、无机炮仅使用导弹的F-4不适应中低空格斗，F-4空中格斗能力虽强，但与越南人民军的米格-17等轻

F/A-18F "超级大黄蜂"

型飞机作战，没有讨到什么便宜。由于F-4没有实现美国海军对重型截击机的性能要求，于是美国海军再一次向各大军火制造商提出了新型舰载机和远程导弹的要求。"TFX"计划适时提出，这是一种美国海空军都可使用的变后掠翼重型战斗机研制计划，F-111A型和F-111B型分别装备美国空军和美国海军。但"TFX"计划起初由美国空军起草，对于海军的各种要求不可能面面俱到，所以美国海军对F-111B的性能十分不满。F-111B过于庞大，且重量也不符合海军要求，系统十分复杂。就这样，"TFX"计划被迫取消了。没过多久，美国海军获得批准，准许自己发展专用航母舰载机，计划被命名为"VFX"。最终，格鲁曼公司的可变后掠翼方案，在众多竞争对手中脱颖而出，于1969年1月被美国海军选中，这就是格鲁曼公司303E方案，随后被赋予正式编号：F-14。

通过右图可见，F-14战斗机为双座可变后掠翼双发双垂尾两侧进气道布局，这与我们以往介绍的战斗机都不尽相同。F-16、F-15和苏-27等为常规布局，"欧洲双风"为鸭式布局，"幻影"系列为无尾三角翼布局，那么可变后掠翼布局又是什么呢？这种布局有什么优缺点呢？可变后掠翼是一种可随不同飞行情况改变机翼后掠角的设计，这样的设计可以同时利用后掠翼在高速以及平直机翼在低速下的优点，但会增加飞机重量和结构复杂度。

虽然后掠机翼成功应用于众多军用飞机和民用飞机，但后掠机翼的缺点也很明显。如诱导阻力大，达到高升力需要很大的迎角，襟翼效率低等。后掠机翼在高速飞行中得到好处，但却失去了平直机翼良好的低速特性。所以，飞机设计师们很自然地提出，能否在不同飞行阶段使飞机有不同的后掠角，即在飞行中改变机翼的后掠角来解决高速飞机的低速问题，这就是变后掠翼概念的由来。

对变后掠翼最初的研究，是德国于第二次世界大战后期进行的。1945年，德国设计过一款叫作Me.P1101的可变后掠翼飞机，但仅是在地面调整后掠角度。第二次世界大战后，美国成为可变后掠翼研究的推进者。1949年，

海空争雄

F-14"雄猫"战斗机可变后掠翼平面示意图

美国贝尔飞机公司接受NACA（美国国家航空咨询委员会，NASA前身）的计划，设计X-5可变后掠翼研究机，X-5于1951年首飞。同时，格鲁曼公司为海军研制了XF10F-1可变后掠翼飞机，该机在1952年首飞。

X-5和XF10F-1是世界上比较早的两款可变后掠翼飞机，这两款飞机在变后掠的同时还能前后移动机翼，以抵偿后掠角改变使气动中心移动产生的过大的纵向稳定度变化。这使得其机构复杂，重量也同时增加。X-5和XF10F-1的试飞结果表明，可变后掠翼飞机在结构和使用上都是切实可行的。这种结构能较大改善飞机的高、低速性能，同时也暴露出了可变后掠翼飞机在气动、结构方面的问题，这两款飞机为F-14的技术探索和实践打下了深厚的基

F-14战斗机外观图

F-14基本参数

技术数据	长度：	19.10米
	平时翼展：	9.45米
	完全展开，最小后掠角时翼展：	19.54米
	完全收起，最大后掠角时翼展：	11.65米
	高度：	4.88米
	翼面积：	54.5米² (仅机翼)
	空重：	19838千克
	正常起飞重量：	27700千克
	最大起飞重量：	33720千克
	发动机：	F-14A：两台普拉特·惠特尼TF30涡扇发动机 F-14A+及F-14B：两台通用电气F110-GE-400涡扇发动机
	推力：	单台73.90千牛（TF30） 单台48千牛（F110-GE-400）
	加力推力：	单台134千牛（TF30） 单台93千牛（F110-GE-400）
	最大载油量：	7350千克
	最大速度：	马赫数2.34（2866千米/时）
	爬升率：	229米/秒
	实用升限：	A/B/C/D型：19800米 E型：15000米
	最大航程：	2960千米
	作战半径：	926千米（无空中加油）
	翼负荷：	468.7千克/米²
	推重比：	0.88
	最大过载：	7.5
武器装备	机炮：1门M61A2"火神"20毫米口径机炮，备弹675发	
	导弹：	空空导弹： AIM-54"不死鸟"远程空空导弹 AIM-7"麻雀"中程空空导弹 AIM-120"AMRAAM"先进中程空空导弹 AIM-9"响尾蛇"近距空空导弹
		炸弹： 六个翼下、四个机身外侧、一个机身中线挂点，总外挂可达7300千克 Mk-80系列低阻力自由落体航空炸弹，包括Mk-82、-83与-84等不同重量的版本
		空地导弹："JDAM"联合直接攻击弹药
	B-61战术核弹	
	GBU-10、GBU-12、GBU-16、GBU-24等	
	Mk-20Ⅱ集束炸弹	
	战术空中侦察吊舱系统（Tactical Airborne Reconnaissance Pod System，TARPS）	
	夜间低空导航红外线瞄准吊舱（LANTIRN pod）	
	AN/APG-71雷达	
	AN/ASN-130惯性导航（INS）	
	红外线搜寻追踪（IRST）	
	战术控制（TCS）系统	
	远端视讯接收器（ROVER）	

础。"TFX"计划下的F-111,是世界首款实用型可变后掠翼飞机。1970年,F-14首飞成功,"雄猫"传奇拉开了大幕。

F-14的故事很多,各种资料和信息犹如"铺天盖地"。比如第一次和第二次"锡德拉湾事件",F-14分别击落了利比亚的苏-22和米格-23。还有两伊战争中,伊朗空军使用F-14击落了伊拉克空军160余架飞机,自身损失极少,不过此说法仅是伊朗方面说辞,没有佐证,仅供参考。另外,F-14多次出现在很多电影、动漫、电子游戏等艺术作品里,足见F-14在当年的受欢迎程度。有一点要说明,前文介绍F-15时提到的"鹰墙",其实也有F-14的参与,只是当时美国空军刻意抹去了海军的功劳,这也是F-14的一个小趣闻。还有很多F-14的故事,这里我们不占用过多篇幅再次赘述。

F-14"雄猫"战斗机以其矫健的身姿和俊朗的外形,被广大军事爱好者熟知,优异的空战能力连美国空军的F-15都甘拜下风,服役几十载称雄于海天,尤其它挂载的AIM-54"不死鸟"远程空空导弹更是对方飞行员的噩梦。但这么一款优秀的舰载战斗机因机身维护复杂,升级耗资巨大,生产成本高昂和机体老化等诸多原因,最终于2006年全部退出现役。不过退役F-14的决定饱受争议,其中一个说法是退役F-14完全是政治因素,美国高层不理性,F-14的替代者F/A-18各方面都不如F-14,这是一个错误决定。这仅是美国部分人的观点,那么F/A-18真那么不堪吗?如果替代者还不如本尊,这不是拿国防安全当儿戏吗?F/A-18的战斗力究竟如何呢?下面我们就谈谈这款飞机。

YF-17"眼镜蛇",1972年美国LWF计划中,与通用动力YF-16竞争的失败者,美国诺斯罗普公司设计制造。

两年后,因美国海军需要新型制空舰载战斗机,在没有特殊经费的前提下,空军的YF-16和YF-17再一次同台竞争。由于海军舰载机的特殊性,双发布局的YF-17赢得海军青睐,不过诺斯罗普公司的海军舰载机设计经验不足,遂与这方面经验丰富的麦道公司联合研制(后期F/A-18战斗攻击机实际上为麦道公司生产)。最初计划把YF-17设计成两款机型,同一机体下,A-18攻击

海空争雄

机替代海军陆战队的F-4及海军的F-4、A-4、A-7等机型，执行对地攻击任务，F-18则专职制空任务。经过仔细考量，研发团队发现YF-17战机可以同时完成对空和对地打击，多用途战斗攻击机F/A-18就这样诞生了。F/A-18战斗攻击机为常规双发布局，大边条外倾双垂尾折叠机翼，新的代号为"大黄蜂"。

F/A-18战斗攻击机分为单座型和双座型，早期单座型为F/A-18A，双座型为F/A-18B。经过后期改进，F/A-18C/D型号为主力服役型号。

C/D型号的"大黄蜂"主要改良包括：

- 更换新的任务计算机。
- 使用1553B和1760军用标准。
- 更换新型弹射座椅和飞行事故记录设备。
- 可使用AIM-120"AMRAAM"先进中程空对空导弹。
- 可使用AGM-65"小牛"式对地导弹。

相比最初的A/B型号，改进型C/D在外观上基本不变，只有部分天线可分辨。之后军方又对C/D型进行了一系列更新改动，比如从1989年之后出产的C/D型开始具备夜间打击能力。加装AN/AAR-50导航前视红外线吊舱（Forward Looking InfraRed，FLIR）或者是AAS-38夜鹰（NITE Hawk）导航与红外线目标标定前视红外线吊舱，红外线影像能够直接传送到抬头显示器（HUD）上。使用AN/AVS-9猫眼（Cat Eye）夜视镜，彩色多功能显示幕以及电子移动地图显示器。第一架配备这套系统的F/A-18C（编号163985）在1989年11月1日交付，又有"夜攻大黄蜂"（Night Attack Hornet）的绰号。1992年之后，F/A-18可以携带加装激光目标指示器的AAS-38吊舱，为激光导引炸弹提供目标指示。

随着"大黄蜂"的服役，美国海军认为F/A-18升级改造有限，麦道公司开始在其基础上开发新的"大黄蜂"。1995年，一种被称为"超级大黄蜂"的新式战机首飞成功。"超级大黄蜂"与"大黄蜂"外观布局一致，但几乎全新设计，不能等同于"大黄蜂Ⅱ"型，其实原计划就叫"大黄蜂Ⅱ"，有些类似苏-27原型机和后期大改的T-10S之间的区别。从体形上来看，"超级大黄蜂"比前作大了约10%，进气道由原来的圆弧形改成了"加莱特"构型，以降低雷达反射截面。此外其边条更大更宽，座舱更先进，武器挂载更灵活。1997年"超级大黄蜂"开始正式进入量产阶段，1999年起，逐步替换F-14"雄猫"战斗机成为美国航空母舰上的主力机型。虽然改进颇多，但"超级大黄蜂"还是沿用了"18"这个序列号，单座型被命名为F/A-18E，双座型为F/A-18F。

1991年海湾战争爆发，在"沙漠风暴"行动中，将近200架F/A-18全副武装杀向海湾。在整个作战行动中，F/A-18体现出了多用途战斗攻击机的价值，从制空任务到对地支援，从舰队防空到编队护航巡逻，这位"多面手"任劳任怨。F/A-18共出动4500余架次，被击落一架，还有两架损失为自身事故。

"超级大黄蜂"的研制时期，冷战已经结束，一夜之间美国成了唯一的超级大国，来自"铁幕"那边的威胁消失了。F-14造价实在有些昂贵，若是在轰轰烈烈的冷战时期，美国举全国之力对抗华约集团，价钱的问题几乎可以忽略不计，东西方两大阵营都是不惜一切代价要压过对方一头，各个方面全方位竞赛。20世纪90年代末，美国国防预算因外部压力减少而极具压缩，虽然没有到刀枪入库马放南山的地步，但也取消了大量的武器设计生产项目，F-14被替换也就没有什么意外了。另外，F-14单机造价接近4000万美元，这在当时可是一笔不菲的费用。飞机的造价只是一部分，还有后期维护、保养、损失等费用数不胜数。当然，一枚F-14挂载的AIM-54"不死鸟"导弹造价也达到100余万美元，这连财大气粗的美国海军也有些无法承受。可能有朋友有所了解，2019年"超级大黄蜂"单机造价也达到了5000余万美元，这比F-14价格贵多了，但这都是通货膨胀惹的祸。有经济学家表示，20世纪90年代的1美元相当于现在的10～15美元。当然账不能这么简单地算，不过在那个年代，4000万美元可是相当一大笔开销。还有，F-14机体已经相当老化，严重威胁到飞行安全，生产线也已经被彻底拆除，无法新造飞机了。

F/A-18E "超级大黄蜂"

较 量
制空之王

"超级大黄蜂"虽然占据了航母甲板，不过很多方面的性能确实没有F-14强。以F-14D型为例，在3000余米高空可轻松飞至马赫数1.6的速度，而F/A-18E即使全开加力也没有超过声⊖速。只携带一个副油箱的F/A-18A，拼尽全力也追不上挂载6枚导弹、2个副油箱以及800磅重量炸弹的F-14，两者飞行性能的差距一目了然。

再说航空电子设备，F/A-18C型和F-14D型分别使用AN/APG-65和AN/APG-71型脉冲多普勒雷达，后者性能更加强大。F-14还有个ASF-14计划，升级F-14到NATF（海军先进战斗机），但该计划只能全新制造机体，无法使用现役飞机改装。该计划使用F119-PW-100涡扇发动机，为F-22"猛禽"战斗机同款。机身以大量复合材料、铝及钛合金制造以减轻重量。改善可维护性，增加可靠性，降低飞行小时费用。在隐身能力方面也有改进，除了多用复合材料外，在发动机前方加装雷达屏蔽罩以减少雷达回波，协调起落架舱盖、维修口盖等部位的边位角度。座舱加装头盔式显示器，雷达改用AN/APG-63V3相控阵雷达，此型雷达的性能比F-22"猛禽"的AN/APG-77更强。因为F-14的机鼻比F-22大，能容纳更多收发模组，等效孔径更大，有效距离更远，分辨率更高。当然，这项计划后期被砍，不然F/A-18E/F更加遥不可及了。

无论F-14是否全新制造，"超级大黄蜂"从飞行性能到后期改装计划，都无法与强大的F-14相比，简单总结F/A-18E/F能替代F-14的原因：政治和技术因素叠加。

一个庞大武装力量的维持需要一个或者多个对手，换个说法就是要有威胁存在。当威胁消失时，虽然先进强大，但造价昂贵维护复杂的战斗机，是否应该被另一款造价相对低廉，任务完成度也不差，多用途能力突出的"廉价"飞机所替代，这是一个显而易见的答案。即使没有F/A-18E/F的出现，即使冷战没有结束，F-14系列飞机也会被下一代新式飞机所取代，这是历史规

⊖ 在3000米左右高度F/A-18飞不出最大速度，故不能超声速。——编者注

律，只是冷战结束成了一个"突如其来"的契机罢了。

还有一个重要原因，早先F-14作为舰队防空专用截击机，用来夺取制空权和打击高空轰炸机等战略目标，近距对地支援还需要航母搭载A-6、A-7等舰载攻击机。这样一来，航母本就很局促的空间和载机数量，又要因为执行不同作战任务而妥协。F/A-18服役以后，制空和对地打击任务可由一种机型一并完成，减轻了维护和调度成本，这种多用途能力是F-14无法比拟的。进入21世纪以来，战斗机的多用途性能越来越受到重视，各国空军都在自己战机的多用途化上面下了很大功夫，如俄罗斯的苏-30系列和美国F-15系列。F-14这类高空高速专用截击机，退出历史舞台是必然。

评述

本书在前文中介绍了米格-29、苏-27、F-16及苏-33等飞机，这些飞机和"大黄蜂"都有一个相同的气动特征：边条。这里有必要解释一下边条在战斗机中的作用。

边条翼是指一种特定的混合平面形状机翼，由翼根边条和基本翼组成。翼根边条为大后掠的细长三角翼，基本翼为中等展弦比中等后掠角的切尖三角翼。在低亚声速时，基本翼提供较大的升阻比，弥补了边条气动效率低的欠缺。在超声速时，边条相对厚度小，后掠角大，使激波强度大为减弱，具有小的波阻。更重要的是，在低速大迎角时，由边条前缘产生的强涡控制了基本翼的分离，并诱导附加的涡升力，提高了整个边条翼的大迎角气动特性。因此，边条翼实际上是用混合平面形状来协调低亚声速与超声速的矛盾，具有线性气动特性机翼与非线性气动特性机翼的组合特性，其流型属于混合流型。

边条翼优点较多，但也有相应的不足，比如F/A-18E/F相比F/A-18C/D和基本型的边条面积更大，过大的边条翼会产生涡流，测试中曾经出现了机翼下挂载武器发射时偏转弹道的情况。为了解决这个问题，工程师将F/A-18E/F的机翼下外挂架全部向外侧偏转3度，这也是一个很奇葩的外形特征。

目前F/A-18E/F系列已经经历了三个批次，即block1、block2、block3批

F/A-18F "超级大黄蜂"外观图

F/A-18F基本参数

技术数据		
	长度	18.31米
	翼展	展开：13.62米
		折叠：9.32米
	高度	4.88米
	翼面积	46.5米^2
	空重	14552千克
	正常起飞重量	21320千克
	最大起飞重量	29938千克
	发动机	2台F414-GE-400涡扇发动机
	推力	57.8千牛 加力97.9千牛
	最大速度	马赫数1.6（1960千米/时）
	爬升率	254米/秒
	最大升限	15000米
	最大航程	3330千米
	作战半径	722千米
	翼负荷	450千克/米^2
	推重比	0.95
武器装备	机炮	1门M61A2 20毫米口径"火神"机炮
	导弹	AIM-7"麻雀"中程空对空导弹
		AIM-9"响尾蛇"短距空对空导弹
		AIM-120先进中程空对空导弹
		对地：AGM-62
		对地：AGM-65"小牛"导弹
		对地：AGM-158联合空对地距外导弹
		对地：AGM-154联合战区外武器
		对舰：AGM-84"鱼叉"反舰导弹
		对舰：AGM-158C远程反舰导弹
		反雷达：AGM-88导弹
	炸弹	GBU-10、GBU-12、GBU-16、GBU-24、CBU-59、Mk-80、B-61战术核弹等

次,且已经更换为AN/APG-73雷达。2006年开始,block2批次的"超级大黄蜂"开始换装探测距离达150千米的AN/APG-79有源相控阵雷达,今后计划整个机队全部换装该型先进雷达系统。

从1980年首架F/A-18A交付美国海军,1983年装备美国海军陆战队,到如今全面升级改造的F/A-18E/F系列,"大黄蜂"脱胎换骨,焕然一新。刚服役时的"大黄蜂"与F-14相比,不论是航程、战斗力、武器、飞行性能甚至外貌都相形见绌。这里说个题外话,美国海空军战机的绰号都比较个性贴切,比如F-16的"战隼",比喻这型战斗机的敏捷;F-15的"鹰",比喻这型飞机的雄伟和霸气。还有"闪电""猛禽""鬼怪""佩刀"等。只有F/A-18系列的名字看起来少了些霸气和威武。大黄蜂,学名胡蜂,俗称马蜂子,把这种非常令人讨厌的昆虫和战斗机联系起来似乎有些不协调。航母舰载机起落架要求强度高,弹性好,收放自如,一般采用"跪"式。F/A-18起落架在放出时呈八字,且自然悬垂,跟胡蜂的腿类似,这就是F/A-18被冠以"大黄蜂"名称的由来之一。航空母舰是一个长度仅为陆基机场长度二十分之一的海上起降平台,这就需要飞机在设计和制造上与陆基飞机有很大的不同。要考虑飞机起飞着落的重量与速度、着舰下沉度速度、飞机与甲板间隙,甚至飞机轮胎也有很大的考究。尤其美国海军航空母舰皆为弹射起飞方式,要求舰载机需要用前轮弹射杆方式设计,这就又要考虑加强前起落架的支撑强度。降落阶段比陆基飞机下沉量更大,可以说是"有控坠毁"般"拍"到航母甲板,对起落架的设计制造和工艺要求奇高,这就是众多弹射起飞型航母舰载机起落架较粗壮和采用"跪"式设计的原因。其实,"大黄蜂"这个代号还不如早期验证机时YF-18的"眼镜蛇"更好听些。名字只是个代号,真实的性能还是需要好好观察一番。

由于舰载机的使用环境特殊,要求在大洋的风浪中纵、横向运动着的航母上完成起飞和着舰,因此,着舰过程威胁着舰载机的安全。为了使舰载机能在航母上安全起降以及在舰上的操作、存放,不得不将舰载机设计得比陆

基飞机更重。其中,增重主要是在起落装置及其机体结构上的,F/A-18A仅起落装置一项质量就占了飞机空机质量(含设备)的9%。与陆基型相比,起落装置的增重为飞机空重(含设备)的4.4%。不过后期的F/A-18E/F大量使用复合材料,使机身结构有所加强的同时又降低了部分重量。

EF-111、F-4G和EA-6B是美国电子战飞机三剑客,在很长时间内都是美军空中电子战的绝对主力。时过境迁,老化的机体和过时的设备,令EF-111与F-4G相继退出现役,三剑客只剩EA-6B独木难支。不过EA-6B也到了垂暮之年,航程短,速度慢,美国急需一种飞机来取代它。"多面手"F/A-18F再次登场救火,适度改装即可胜任电子战飞机的任务,且速度更快,航程更远,飞机更灵活,多用途性能更强。波音公司的EA-18G"咆哮者"电子战飞机于2006年首飞,2009年进入部队服役,全面替代了"老同志"。执行电子攻击任务(AEA)时,EA-18G携带3个AN/ALQ-99电子干扰吊舱。此吊舱通过"长基线干涉测量法"对辐射源进行精确定位,可对160千米范围内的目标进行有效干扰。EA-18G翼尖固定安装AN/ALQ-218战术干扰接收机,即使在对敌方进行全频段电子干扰时,依旧可实现电子监听。相比老旧的EA-6B这类专职电子战飞机,EA-18G既可进行空中战斗也可对地打击,是一型纯粹的全面型战机,是美国航母新时期的主力战机。F-22这个"倒霉蛋"也在红旗军演中被EA-18G"击落",好像谁在演习中"击落"过F-22才算是好飞机。

"超级大黄蜂"和"咆哮者"的强大组合已然成为美国航母的新爪牙,二者可通过数据链信息共享,联合作战能力比较强大。虽然最新的F-35C"闪电Ⅱ"舰载机已经开始服役,但要想完全替代F/A-18还需要相当长的一段时间。长江后浪推前浪,当年F/A-18把F-14"挤出"航母甲板,今后也将被替换,这也是武器装备发展的必由之路。

蹈海踏浪

航空母舰舰载机作战需要体系支撑,绝非某一型号和对方单打独斗,这

F/A-18主要改进型号

型号	用途
YF-17	初始原型机
F/A-18A/B/C/D	美国海军及海军陆战队服役型
F/A-18E/F	美国海军及海军陆战队服役型
F/A-18HARV	NASA空中试验平台
F/A-18L	陆基型号，未服役
RF-18A	侦察型
F/A-18I	最新改进型
EA-18G	电子战攻击机

不是下军旗。

苏-33继承了陆基苏-27大部分性能，10个外挂点可携带中近距空空导弹和航空炸弹，不过苏-33的对陆对海攻击能力，时至今日还是"纸上谈兵"。苏-33制空作战能力确实不错，飞行性能也比较优秀，空战能力可以比肩F-15早期型号。F/A-18经过数十年不断改进提高，多用途能力突出，虽然最高速度稍显欠缺，但雷达火控系统相较苏-33要先进不少，尤其最新的EA-18G更是强悍的空中全能手。如果非要对比两型飞机战斗力孰强孰弱，那么我们还是先从航空电子设备方向去寻找答案。

N001雷达性能实在太差，各种指标都属于过时的落后产物，即使和F/A-18早期型的AN/APG-65型脉冲多普勒雷达都无法相提并论，更不要说升级后的AN/APG-73及最新型AN/APG-79有源相控阵雷达了。苏-33座舱内还是大量传统仪表，而F/A-18则为"玻璃座舱"，实现了综合显示器加HUD的先进座舱组合。最新的EA-18G更是将数据链、信息化、智能化提升至比较高的程度。这里不说落后的苏-33，即使俄罗斯最新的苏-35S也未必是其对手。

为了适应在航空母舰上的起飞着陆，舰载机往往都需要加强结构以承受更大的力，以免损坏飞机。苏-33为了进一步提升飞行品质，改装了前面两个小翼，虽然升力得到提升，但付出的重量代价比较大。原型苏-27已经是比较

苏-33"大战"F/A-18

海空争雄

不错的升力体设计,再一次提升升力值的做法也许与苏联航母没有弹射器有关,飞机依靠自身推力进行滑跃起飞,确实比弹射起飞方式的舰载机需要更大的升力和推力。F/A-18系列飞机在这方面的顾虑就少很多,弹射起飞不仅可以多载燃油和武器,起飞方式相对于滑跃起飞也更高效。苏-33瞄准目标为美国F-14,两者皆为重型远程超声速截击机。不过苏-33因为滑跃起飞方式,无法满油满弹飞离航母,这是个非常大的缺陷。纵然飞机飞行品质出色,即使飞机自身油箱容量足够,但因在航母上的起飞方式而受限,似乎有些窝囊。

苏-33在20世纪90年代末期才正式进入部队服役,彼时F/A-18E/F已经登场,苏-33出生即落后这是个不争的事实。对地打击能力欠佳,如果按照F/A-18的标准来看,苏-33几乎没有对地打击能力,就是一型彻头彻尾的截击机。"库兹涅佐夫"号航空母舰舰载机种类少,缺乏固定翼预警机为前出的苏-33提供信息,而E-2"鹰眼"预警机则是美国航母标准配置,这种信息不对称的作战几乎可以判定苏-33毫无胜算。

当然,苏联解体后,俄罗斯经历了相当长时间的挣扎与困难,首先要解决很多历史遗留问题,先吃饱饭再说,武器装备的研发几乎停滞,甚至倒退,这也是苏-33始终徘徊无法进步的重要因素。我们都知道,军事装备需要大量经费的投入才能正常维持,更何况航空母舰这种"吞金兽"。财政捉襟见肘的俄罗斯确实无力升级苏-33,况且目前"库兹涅佐夫"号航空母舰还在船坞维护,固定翼舰载机项目处于停滞状态。虽然有大量消息报道,俄罗斯要用最新的米格-29K取代老旧的苏-33作为新的舰载机,不过平台在哪里?没有船,舰载机何用?关于苏-33和F/A-18的对比显而易见,这里面有飞机性能的问题,更多的是作战思想和国家政策的延续。

单纯拿几十年几乎没有升级的老旧苏-33,与日新月异的"大黄蜂"家族对比,毫无意义。

苏-33原型机T-10K-9

07

隐身无形

较量
制空之王

较量
制空之王

F-22 "猛禽"

隐身技术：又称低可探测性，表示飞机具有很低的被雷达、红外、可见光和声音探测的能力。

随着航空技术的发展，各种新型大功率雷达、先进探测系统、精确制导的中距空空导弹等研制成功，使超视距空战成了现实。先敌发现、先敌开火成为空战制胜的重要因素。为了提高军用飞机的生存能力和战斗力，避免在超视距空战中被对方发现，世界各国都在努力研究和开发隐身技术。一架飞机依靠隐身能力来提高生存力的概念，是由美国U-2、SR-71等高空侦察机积累经验而形成的。美国对隐身技术的重视表现在1977年美军突然取消B-1A轰炸机的生产，开始设计有一定隐身能力的B-1B轰炸机，同时研制隐身轰炸机B-2及隐身攻击机F-117。美国第四代先进战斗机F-22则更突出强调了隐身能力，目的在于减小被敌方探测到的可能，保证在超视距作战中先敌发现、先敌开火的优势。

隐身技术实质上就是尽量降低飞机的雷达、红外、激光、电视、目视、声、磁信号特征，使敌方各种探测设备很难发现、探测和跟踪，从而使其防空武器系统不能或很难发挥应有的作用，提高飞机的生存力。隐身技术涉及的领域包括电磁理论、材料与结构、能量转换、热与燃烧理论、空气动力学、声及光学和高难度的测试技术等。隐身技术包括雷达隐身、红外隐身、可见光及声音的隐身。考虑到雷达是防空系统中主要的探测设备，一般都以减小雷达散射截面（简称RCS）作为隐身的首要任务。隐身技术的发展和应

F-22 "猛禽"

用，对飞机总体设计和作战效能具有重大影响。在方案设计阶段，如何有效地控制和减小飞机的目标特征（隐身能力），成为飞机设计师的重要任务之一。

美国已研制成功的几种隐身飞机，如F-117、B-2、F-22、YF-23、F-35等，它们所显示的奇特外形及RCS水平，证明总体外形设计对隐身性能影响重大。因此，在飞机总体设计中，为满足技战术指标中对隐身能力的要求，必须把总体、气动、隐身、结构、飞控等多种技术综合在一起进行优化设计，这样才能保证飞机具有最佳的作战性能。

因为隐身技术是新时期战斗机非常重视的一个典型特征，这里有必要介绍一下有关隐身技术的部分知识和概念。

影响飞机可探测性的因素有很多，如雷达散射截面（RCS）特征因素，其中又包含飞机的外观形状、材料、飞机表面平滑度、进气道和尾喷口及天线等，还有外挂武器、可见性、声音特性等。

雷达隐身基本概念

电磁散射源的基本类型：

- **镜面反射** 当电磁波垂直入射局部光滑目标表面时，在其后向方向上产生很强的散射回波，这种散射称为镜面反射，它是强散射源。
- **边缘绕射** 当电磁波入射到目标边缘棱线时，散射回波主要来自于目标边缘对入射电磁波的绕射，它与反射不同之处，在于一束入射波可以在边缘上产生无数条绕射线，是重要的散射源。
- **尖顶绕射** 当电磁波入射到尖顶上时，产生的绕射为尖顶绕射，是一种弱散射源。
- **爬行波绕射** 当电磁波照射到目标上时，有些入射线正好与目标表面相切，切于表面的入射波沿表面爬行，这种绕射现象叫爬行波绕射。
- **行波绕射** 当电磁波沿细长体目标头部方向附近入射时，在目标表面不连续处、不同介质表面交界处及细长目标末端产生的绕射叫行波绕射。

- **非细长体因电磁边界突变引起的绕射** 电磁波近于切向入射到目标表面时，波将沿表面传播，若表面出现槽、缝隙、缺口或表面不连续、材料性能突变（金属与非金属等）等，将引起电磁波的绕射。

无隐身措施的常规飞机的散射场包括反射和绕射场，主要是镜面反射和边缘绕射两种起作用，因此其散射截面很大。

而隐身飞机由于采取了很多措施，镜面反射和边缘绕射基本消失，则其他几种弱散射源就显得重要起来。

雷达散射截面是度量目标在雷达波照射下所产生回波强度的一种物理量。它是目标的一种假想面积，可用一个各向均匀的等效反射器的投影面积来表示，该等效反射器与被定义的目标在接收方向单位立体角内，具有相同的回波功率。

一架飞机的RCS越小，表明该飞机反射的雷达能量越小，被敌机接收的信号小且不易被发现。实际上，一架飞机的RCS值不是一个固定值，每一个视角（即敌方雷达所在的方位）的RCS值是不同的，如F-16的RCS值正前方为4米^2，而侧向大于100米^2。雷达工作的频率范围称为雷达频段，在该频段内，各频率的功率源、传播影响和目标散射特性是类似的。在超视距作战中，隐身设计选取的频段主要针对对方威胁雷达的工作频段，包括战斗机、预警机的雷达，也包括陆基对空警戒雷达。统计数据表明，欧美各国现役战斗机机载火控雷达使用X频段的数量约为82.1%（相当于波长3厘米），使用Ku频段的数量占14.3%（相当于波长2厘米）。因此，隐身设计选取的频段重点放在X频段和Ku频段，以X频段为主，即波长3厘米为主，兼顾2厘米。除了雷达隐身技术外，还需要兼顾红外隐身，飞机热辐射源（喷口和飞机表面反射太阳红外线照射）等。

还有很多隐身技术的理论概念与知识，本书非学术性文献，这里只是简略介绍，就不占用过多篇幅了。下面有请本节主角闪亮登场，它就是被称为"猛禽"的美国F-22战斗机。

美国空军F-22"猛禽"隐身战斗机是世界首款隐身高超机动四代机（新标准五代），单座双发双外倾垂尾，两侧进气，主要执行制空、对地、对海攻击及电子战和情报收集等任务。它也是世界上第一种投入部队服役的可超声速巡航的战斗机，其创造性的超机动、隐身、高态势感知、短距离起飞降落及超声速巡航等典型特征，已经成为新一代战机的设计标准。

1990年9月29日，洛克希德公司新一代先进战术战斗机（ATF）技术验证机YF-22首飞成功。在此之前的一个月，诺斯罗普公司的YF-23已经首飞成功。这两款战机都起源于1985年美国空军提出的替代F-15战斗机计划，也就是先进战术战斗机（ATF）。不得不说，美国空军在武器装备设计制造方面的未雨绸缪，确实值得学习与借鉴。在1985年，F-15仅服役不到十年就已经开始筹备替代者，这种前瞻性的战略眼光放至当下也是一种壮举。

据公开资料显示，YF-23验证机没有迎角限制，飞机能够在任何尾旋状态下轻松改出。YF-23共进行了50余次验证试飞，总计65飞行小时。YF-23可在不开发动机加力情况下达到马赫数1.43的巡航速度，YF-22稍快，可达到马赫数1.58。

1990年，经过两种机型的试验试飞验证考察之后，美国空军宣布洛克希德公司的YF-22竞标成功，进入下一阶段的发展计划。诺斯罗普公司的YF-23被淘汰，退出ATF计划。洛克希德公司的成功，诺斯罗普公司的失败，都不完全是这两型飞机的原因。洛克希德公司著名的"臭鼬工厂"在冷战时期，为美国空军提供了很多当时性能非常优异的飞机，如F-117"夜鹰"、SR-71"黑鸟"和U-2"蛟龙夫人"等高科技飞机。洛克希德公司的技术实力长期被美国空军所接受和认可，在F-117"夜鹰"项目中的管理与执行能力也让美国空军非常满意。与洛克希德公司相反，诺斯罗普公司这个老牌飞机"专家"却让美国空军有些头疼。1981年，诺斯罗普公司和波音公司组成的联合

隐身无形

团队打败了洛克希德公司与洛克威尔公司组成的竞标团队，赢得美国空军隐身战略轰炸机项目，这个隐身战略轰炸机就是后来大名鼎鼎的B-2"幽灵"。不过诺斯罗普公司在B-2项目上不断增加预算，时间节点把控上也一拖再拖，这令美国空军非常不满。还有诺斯罗普公司的"沉默彩虹"导弹，也让美国空军很失望。再加上YF-22的飞行试验时间比YF-23更少，但却执行了更多的飞行试验科目。诸多因素叠加，美国空军选择洛克希德公司这个可以愉快合作的伙伴，也是合情合理。

当然，坊间有传闻说YF-23性能更好，只是因为某些政治因素没有被选中，这个说法没有事实依据来佐证。在试验试飞中，YF-22的机动性强于YF-23。YF-23则更加注重高空高速性能，机身更长，但飞机设计只能容纳6枚导弹（需要将4枚AIM-120导弹的弹翼折叠处理），想要达到美国空军装备8枚导弹的目标就需要再次加长机身。

YF-23的进气道在机翼下方前缘位置，进气道和唇口都采用固定结构设计，这样不仅能降低重量，也适度减少了雷达反射截面。进气道在机身内部向上弯曲呈S形，与机身尾部的发动机相连接，发动机喷口被设计成隐藏式，这一设计降低了红外特征，但无法再使用与YF-22类似的矢量喷口设计。

两型飞机具体设计和性能参数至今仍然处于保密状态，我们无法得知详情，没有数据支撑就武断地说YF-23比YF-22性能强，选择YF-22是阴谋论等说法有些不负责。当然，后期的YF-22进入量产型号设计后，跟原型机又有了一些区别，YF-23倘若也进入量产型号的改进，谁也不知道会变成什么样。YF-23大家习惯称之为"黑寡妇Ⅱ"，"黑寡妇"是美国二战时期的重型战斗机P-61，YF-23沿用这个名称没有得到官方承认。

虽然与YF-22的竞争失败了，但不得不说YF-23机身外形设计非常漂亮，不禁再一次让人想起马塞尔·达索那句名言：只有好看的飞机，才是好飞机。

二元矢量喷管是F-22的典型特征。之前我们介绍了不少战斗机，如著名

YF-23验证机

的"欧洲双风"、苏-27、F-15等，无一例外发动机喷管都是圆形，只有F-22采用了这种非常奇特的设计。大量的模型试验分析、地面验证试验和飞行验证试验都证明，采用多功能矢量喷管的战斗机比常规战斗机有多方面优势。可显著增强飞机的大迎角机动性和过失速机动能力，提高敏捷性，减少起飞着陆距离，提高作战效能及生存力，还可减少飞机全寿命期间的费用。

推力矢量喷管好处颇多，大致有如下几种：增加升力、提供反推力、巡航飞行时有效减少阻力，更重要的是，二元矢量喷管具有良好的红外与电磁隐身性能，与传统圆形喷管相比具有较长的排气截面周长，因而提供了较大的热喷气流与冷空气混参表面，使红外辐射温度大幅度下降，有利于降低红外信号和雷达信号特征，从而大大提高了飞机的隐身能力。据法国公布的一对一近距空战数值模拟结果，具有俯仰矢量喷管的战斗机对常规战斗机损失比在中空中速为1∶3.6，在低空低速为1∶8.1，表明其作战效能大大提高。具有矢量推力的X-31高机动验证机与F/A-18飞机进行了93次空中格斗演习，X-31胜了77次，8次不分胜负，只败了8次，足以证明推力矢量技术的作用。所以，装备俯仰方向能进行正负20度偏转的普惠F119-PW-100二元矢量发动机的F-22，空战能力非常强大。

F-22的超声速巡航能力虽然很强，得益于强大的F119-PW-100发动机，但也是个矛盾体。对于具有超声速巡航能力的战斗机来讲，其典型作战剖面的亚声速巡航段和超声速巡航段长度可能相差不多，而对于长距离出击和转场，亚声速巡航效率更为重要。因此，F-22的机翼设计面临多方面矛盾。从超声速性能出发，机翼最好是大后掠小展弦比；从跨声速机动性考虑，倾向中等后掠和中等展弦比；而起飞着陆性能则要求小后掠小展弦比机翼。F-22机翼外形是典型的折中，选用小展弦比的菱形机翼是因为这种机翼的结构效率高，可以减小机翼的重量和相对厚度，减小波阻，有利于隐身性能。

F-22的马赫数为2.2，超声速巡航马赫数为1.5左右，因此最初选用的机翼前缘后掠角为48度，超声速巡航时基本为亚声速前缘或在声速前缘附近，对

较 量
制空之王

F-22"猛禽"推力矢量发动机喷口

隐身无形

减小超声速巡航阻力有利。原型机YF-22机翼前缘后掠48度，后缘前掠17度，实际上有效后掠角不大，这主要是从改善跨声速机动性和起飞着陆性能两方面考虑。

F-22造价非常昂贵，连一向财大气粗的美国空军也有些难以承受，2009年的价格为单机1.5亿美元。

F-22装备AN/APG-77有源相控阵雷达、最新的AIM-9X近距空对空导弹、AIM-120C/D中程空对空导弹、强大的普惠F119-PW-100推力矢量发动机、先进航电与人机界面等，作战能力是F-15的数倍。两侧的加莱特进气道适合高速巡航，在飞机设计时就减少了飞机表面突出物，从而让F-22的雷达隐身性能提升到极致。银和氧化镓的吸波涂料遍布机身，不过这种涂料不论从涂料本身还是喷涂人工，价格极高，此种喷涂材料需要大量的精心修补与维护，后期的维护更是耗资巨大。另外，在开发F-22期间所建立的许多先进技术，也沿用到了中型的F-35"闪电Ⅱ"身上。洛克希德·马丁公司宣称，F-22的雷达反射截面最低为0.0001米^2，这当然有夸张的成分，但也不是凭空捏造无的放矢。"猛禽"的隐身性能、超强的机动性、态势感知能力加上其空对空和空对地作战能力，使得它成为当今世界综合性能最佳的战斗机。

评述

F-22自诞生之日起，直接划定了新一代战斗机的技术标准：隐身化、超机动性、超声速巡航、高态势感知和短距起飞着陆距离。

2005年服役至今，F-22也已经步入中年。整个F-22机队服役总数187架，算上试飞机队的8架，也才不到200架，这个制造数量竟然属于美国空军主力战斗机，简直闻所未闻。2007年"红旗军演"中，F-22和各类三代机同场竞技，以1∶144的结果，令所有演习参加者和世界空军瞠目结舌。差距如此之大，性能如此之强的F-22仅有187架（坠毁4架，现为183架），怎么不多制造些呢？

较 量
制空之王

F-22"猛禽"外观图

隐身无形

F-22基本参数

技术数据	长度	18.92米
	翼展	13.56米
	高度	5.08米
	翼面积	78.04米^2
	空重	19700千克/YF-22为14360千克
	正常起飞重量	29410千克
	最大起飞重量	38000千克
	发动机	2台普惠F119-PW-100涡扇发动机
	推力	单台116千牛（加力156千牛）
	最大载油量	8200千克/12000千克（携带2个副油箱）
	最大速度	马赫数2.25（2756千米/时）
	巡航速度	马赫数1.82（1963千米/时）
	最大升限	20000米
	最大航程	3220千米
	作战半径	851千米
	翼负荷	377千克/米^2
	推重比	1.08
	过载	−3/10
武器装备	机炮	1门M61A2 20毫米口径"火神"机炮，备弹480发
	导弹	AIM-9X
		AIM-120C/D
		AGM-154联合战区外武器
	炸弹	GBU-10、GBU-12、GBU-16、CBU-59集束炸弹、GBU-39SDB、JDAM、Mk-80等

首先最重要的是政治原因。

F-22这种为了在冷战中能够战胜苏联先进战斗机而生的飞机，服役于2005年，这时冷战早已结束十几年了，突然间美国失去了最直接的威胁，有些"刀枪入库"的思想。这场景似乎有些熟悉，与F-14的退役异曲同工。2001年"9·11事件"之后，美国开始所谓"反恐战争"，且提出了"到陆上"的战略思维，不再谋求大国之间的正面对抗，以航空母舰为核心的航母打击群对目标区域进行综合打击为主。苏联解体后，那时苏联主体继承国俄罗斯经济接近崩溃，国防工业混乱不堪，生存下去是唯一的目标，已经无力对抗北约军事集团。1995年左右苏-27才真正形成战斗力，而T-10-45验证机试飞一直持续到2003年。在发出ATF计划的1985年，美国哪能预想到今后几年的发展。按照惯例，美国研制出更先进的飞机后，苏联一定会跟进研制自己的飞机。可在1991年苏联解体之后，这些顾虑和担心一瞬间消失了，F-22独孤求败。没有了最致命的对手，美国失去了威胁，一大批既先进又烧钱的军事装备项目下马或被削减，如B-2隐身轰炸机直接削减为20架，F-22的数量从计划中的至少600架直接减为不到200架。

或许美国的战略家们学习过中国古代历史，我国的宋代经济文化极其发达，尤其北宋可以说是中国汉文化的鼎盛时期。为了维护王朝统治，北宋需要维持庞大的官僚系统和军队，造成了冗官冗费的现象，巨大的财政支出让富庶的北宋朝廷也吃不消。公元1005年《澶渊之盟》签订后，本来与辽的战争已经结束，但宋朝又和西夏开始了新的战争。想要养活那么多的军队，就需要持续进行财政的大量支出，沉重的负担造成了北宋的"积贫"，这是任何一届政府和国家领导人都要极力避免的情况。如果美国的战略家们了解北宋的历史，那么苏联解体后，他们做的第一件事就应该是拆除F-22生产线。

还有一个原因是隐身战斗机与其他战斗机的作战方式不同。

隐身战斗机在空战中多数以"刺客"身份出现，它们的打击目标首先是对方高价值目标，预警机、加油机、电子干扰机等。为了隐身效果，几乎不

隐身无形

会以大编队大数量机群形式出现。单打独斗,神出鬼没,打了就走。我们在介绍F-15时,提到了海湾战争中F-15的"鹰墙"战术,这就有些隐身战斗机战术的影子了。隐身战斗机首先是在己方的空中和地面预警指挥系统的信息共享下接近目标,距离目标较远时可先敌发射中程空对空导弹,敌方此时几乎无法察觉隐身飞机的存在,更无法得知何时会有导弹扑向自己。中程空对空导弹若击落对方则任务完成及时撤退,若未击中对方,这时亦可利用自己的高机动性和高态势感知能力将目标击杀。这与"鹰墙"战术不谋而合,只是把几十架F-15"排队枪毙"敌机改成了"刺客"隐身绝杀。这也是F-22机队不像三代机那种动辄几百上千架规模的原因之一。

在说米格-29时,我们还提到一个概念:能量。不是说如F-22这般的隐身战斗机就不需要进入近距空战了,可以完全避免狗斗,这其实是一种误区。飞机在飞行时需要能量,导弹亦如此。虽然现在的空对空导弹已经十分先进,但只要是地球上的武器,就要遵守物理定律。导弹体积小,内部空间有限,燃料不可能无限。远程导弹从飞机发射出去后,多采用滑翔飞行接敌,在接敌时导弹发动机点火,时间非常短。若敌机实施干扰或机动躲避,就存在导弹失效的可能,这时两机相对速度较快,近距空战也就在所难免了。所以F-22虽然是隐身飞机,但也十分强调高机动性,这也是为在近距空战中能以更高的机动性歼灭敌机做出的必要准备。

还有超声速巡航能力。

米格-21也是超声速战斗机,且是两倍声速,但传统战斗机的超声速飞行需要打开发动机加力,油耗极大。传统战斗机的超声速飞行多数在无外挂状态,维持不了几分钟。而F-22的超声速巡航,是在发动机没有打开加力的状态下,飞机可保持至少马赫数1.3以上的速度进行半小时的超声速飞行。还有更强大的一点,F-22在超声速巡航时可以做机动动作,而传统飞机只能飞直线。公开资料显示,F-22在超声速巡航状态也可以做出过载5的机动动作,这是传统飞机无法想象的。这种状态下发射导弹,还能大幅提升导弹的动力射程，F-22超声速大稳盘的过载能力为其提供了优异的攻防转换能力，使其在不损失速度的情况下能够快速掉头，并利用超声速巡航速度迅速消耗掉来袭导弹的动力射程。攻防两方面相综合，F-22对三代机形成了牢不可破的距离优势。就好像我可以开着拉力赛的赛车高速漂移安全过弯，而另一个选手虽然也很快，但却是只剩3分钟电量的高铁，无法瞬间转弯且能量马上用光。这种超声速巡航技术在战场上对三代战机几乎就是碾压一般的存在，如果F-22的飞行员不犯错，三代机想要击落F-22十分困难，或者说概率极低。至于我们多次提到的"红旗军演"中，"台风"和EA-18G都"击落"过F-22，这种事可以当成一种提升士气的行为，没有必要觉得F-22的真实战斗力就只是如此。三代机和四代机的技术落差，绝非几个战术动作可以弥补。

F-22虽然是美国空军的绝对主力，但有些地方还需要进行升级，F-22的109亿美元升级计划也即将开始。保持领先，这就是美国空军的思路。F-22的航电设备毕竟是20多年前的技术，虽然放到今天依然十分先进，但故步自封是取败之道，没有人会那么固执地认为自己永远无敌。还有就是为了适配最新的AIM-260空对空导弹，F-22的座舱对比F-35也稍显老旧，更新座舱综合仪表也迫在眉睫。最新的隐身涂层，更高效的维护等，都是F-22升级的目标。

随着F-35系列飞机的大量服役，唱衰F-22的论调层出不穷。其实我们可以将F-35比为F/A-18，将F-22比为F-15，两者几乎不存在相互替代的关系。美国空军目前无论在规模还是技术方面，依然独步全球，即使俄罗斯最新的苏-57也难以撼动F-22的头把交椅的地位。可以预见的是，在今后相当长的一段时间内，F-22依旧是美国空军的绝对主力，直到更新一代战机的出现。

苏-57"重案犯"

1981年，苏-27的重大改进型号T-10S（"侧卫"B）首飞成功，1985年开

F-22与F-35双机编队

始正式装备部队。这个时期，苏联在苏-27还远未成熟之时又提出了新一代战机的I-90计划，目标为取代米格-29及苏-27。冷战时期，东西方两大阵营时时刻刻都在绞尽脑汁让己方获得武器装备方面的优势，为可能发生的"热战"做准备。

在20世纪60年代末期的新型远景歼击机项目中，苏联军方邀请所有有战机设计能力的设计局共同竞争，最后剩下三家：米高扬设计局，苏霍伊设计局，雅克设计局。最终，苏霍伊设计局和米高扬设计局分别着手设计重型战机和轻型前线战机。雅克设计局的雅克-47，各项性能指标实在有些落后，跟苏联军方和各同行玩了一圈，无功而返。新战机计划，又是这个熟悉的局面。米高扬设计局、苏霍伊设计局和雅克设计局再一次同场竞技，雅克设计局不出所料的又一次"陪榜"。1983年，米高扬设计局开启了412工程，该工程也随着时代的潮涌上下起伏，最终于20世纪90年代设计出了米格1.44工程验证机。2000年2月，米格1.44工程验证机首飞成功。米格1.44设计方案只采用了很少一部分隐身设计，整机可动面达到了18个，大迎角飞行性能较低，飞机机体过于庞大，虽然是一架工程验证机，但几乎看不出这是一架可代表未来科技的新飞机。米格1.44采用三角翼加前翼布局，矩形进气道布置于机身下方，双垂尾双发。米格1.44相较于美国F-22没有优势，机身过于庞大，技术落伍。这架飞机的首飞并没有给米高扬设计局赢得新一代歼击机项目，它的失败却成了苏霍伊设计局竞争下一代歼击机的推动力，反而使俄罗斯军方的目光再一次放在了苏霍伊设计局身上。

随着苏联解体，与其他苏联时期的军工企业一样，得不到政府的财政支持，米格1.44飞行次数很少，也是因为飞机不符合新时期战斗机发展标准，最终该项目不了了之。

苏霍伊设计局也没闲着，始终忙于完善自己的苏-27。"正式版"苏-27从1981首飞直到2003年，一直在不断改进，各种修修补补。

20世纪80年代，在美国NASA和DARPA联合下，X-29前掠翼验证机进

苏-57"重案犯"

入飞行试验阶段。前掠翼飞机的空气动力学理论和飞机控制相关科学，都需要在真实飞行中来获取数据，当时苏联军方也责成苏霍伊设计局紧盯美国的X-29开展前掠翼飞机的探索。苏霍伊设计局虽然也已经着手，开始注重前掠翼飞机的理论研究，但苏-27的研制工作才是当时的重中之重，哪有"闲工夫"去干别的？苏-27双座型苏-27UB、舰载型苏-27K、战斗轰炸型苏-27IB等型号全面铺开，苏霍伊设计局的前掠翼飞机只存在于理论上。1991年，这个重要的时间节点影响着世界，更是我们描述各式战机的历史转折点。在这个时间点上，形势突然发生变化，苏联解体了，米格1.44失去了财政支持，苏霍伊设计局的前掠翼飞机项目更是无从谈起。

不过苏霍伊毕竟是苏霍伊，1997年，尽管有着巨大的资金缺口，苏霍伊S-37前掠翼飞机还是成功首飞了。

S-37飞机的首要任务，是为下一代飞机的技术性研究探索和技术储备进行试飞，从最开始1983年立项到1997年首飞，从来都不是为了使用前掠翼飞机去竞争PAK-FA项目。苏霍伊设计局之后的相关公开资料也显示，S-37飞机没有被设计成隐身飞机的计划，但安排了一部分相关测试，就像T-10M-8飞机一样。试飞结果显示，S-37飞机在亚声速下具有极高的敏捷性，这使飞机能够非常快速地改变攻角，并在超声速飞行中也保持了比较不错的机动性。

前掠翼还具有更高的升阻比、更强的空战能力、亚声速飞行中航程更大、更好的抗失速和抗尾旋特性、提高大迎角下的稳定性，以及更短的起降距离。S-37机身复合材料的使用率达到13%，尤其S-37的机翼复合材料使用率更是达到了惊人的90%。S-37飞机还使用了机身中置弹舱，这也是提高敏捷性和减少飞行阻力的好办法，间接提高了飞机雷达隐身功能。S-37使用与苏-27相同的座舱罩，座椅与T-10M相同的30度布置，安装两台AL-41F推力矢量发动机作为动力，两个不同长短的尾梁，左侧为后向雷达，右侧为减速伞舱。

米格1.44方案

较量
制空之王

2002年之后，S-37被苏霍伊设计局命名为苏-47，北约绰号Firkin"木桶"。苏霍伊设计局为它起了一个更好听的名字：Berkut"金雕"，给予正式编号说明这时苏霍伊设计局对苏-47飞机的态度，有了微妙而又暧昧的变化，这种正式编号的命名有几个条件，进入部队服役或者对外销售。对于苏-47的未来，现在我们都已经了解，没有进入俄罗斯服役，更没有国外买家，这次的命名，可以说是苏霍伊再一次玩起了苏-37的"小把戏"。

苏-47飞行试验一直持续到2005年，这不能简单归结于PAK-FA项目的新一代T-50即将首飞才使这个项目被淘汰。这架飞机从任何角度来讲都是纯粹的技术验证机，和美国X-29相同，没有进入部队服役的要求和动力。但不可否认，苏-47验证机的众多技术都被T-50飞机应用，也为苏霍伊设计局建立了良好的技术储备。

PAK-FA项目，1998年俄罗斯军方的新一代战机计划，这其实是当年I-90计划的延续。I-90计划时断时续，一直没有实质性发展，直到1991年苏联解体，该项目等于变相终止。

2010年1月29日，共青城上空，苏霍伊设计局代号T-50的新一代歼击机首飞成功。

T-50与苏-27一样，使用翼身融合升力体设计，双发、双垂尾、腹部进气道，外观看就像是苏-27的隐身版本，2017年正式赋予编号为苏-57。苏-57飞机量产型计划使用AL-41F3（产品30）推力矢量发动机作为动力，和几乎苏-27飞机家族每一个新型号一样，T-50本该于2007年之前首飞，不出意外再一次因为发动机的原因推迟到了2010年。

无论何种装备都是为了适应本国作战基本需求，不能因为片面追求某些指标就要"大而全"。苏-57飞机外观不像美国F-22那般平整，机身凸出物很多，两个硕大的发动机舱和发动机喷口就简单粗暴地直接暴露在外，好似不甚追求极致隐身效果。当然，苏-57是俄罗斯最新装备，其数据处于保密状态，外人不得而知，用肉眼和经验无法判断苏-57的隐身性能究竟

苏-47 "金雕"

较量
制空之王

苏-57外观图

隐身无形

苏-57基本参数

技术数据	长度：	20.1米
	翼展：	14.1米
	高度：	4.74米
	翼面积：	78.8米²
	空重：	18000千克
	正常起飞重量：	25000千克
	最大起飞重量：	35000千克
	发动机：	AL-41F1A（产品117）轴对称矢量喷口涡扇发动机，正负20度偏转
	最大推力：	93.10千牛
	最大加力推力：	147.2千牛
	最大燃油量：	10300千克
	最大速度：	马赫数2.0（2120千米/时）
	巡航速度：	马赫数1.6（1710千米/时）
	爬升率：	350米/秒
	实用升限：	20000米
	最大航程：	3500千米
	翼负荷：	317千克/米²
	推重比：	1.02
	最大过载：	+9.0
武器装备	机炮：	1门GSh-30-1机炮，装弹150发
	火箭	S-5航空火箭弹
		S-8航空火箭弹
		S-13航空火箭弹
		S-24航空火箭弹
		S-25航空火箭弹等
	导弹	R-27中程空对空导弹
		R-73/K-74M2短距空对空导弹
		R-77M中程空对空导弹
		Kh-15A中程空对舰导弹
		Kh-29T/L半主动制导对地导弹
		Kh-31中程空对舰导弹
		Kh-35中程空对舰导弹
		Kh-38/Kh-38M主动雷达空对地导弹
		Kh-55空射巡航导弹
		Kh-58UShKE反辐射导弹
		Kh-59ME空对地导弹
		R-37M远程空对空导弹等
	炸弹	KAB-500KR/500L
		KAB-1500KR
		FAB-500T
		FAB-250-270等航空炸弹

如何。

苏-57与美国F-22等新一代隐身战机都追求高机动性,这和未来空战模式有关。未来空战虽然双方都是隐身战机,强调和追求远距离发现对方,先敌开火发射导弹,不过远程导弹的机动性虽强,也不是100%命中率,一旦避开敌方导弹的打击,那就要飞机本身具有强大的能量机动性进行近距离搏斗,高机动性是战斗机不论哪个年代都不可能舍弃,也是孜孜以求的重要指标。

2020年西方的圣诞节,苏-57终于进入现役,但只有几架而已。

评述

"重案犯",北约赋予苏-57的名字实在不怎么样。

苏-57的隐身性能比F-22低,当然这还是武器装备研制国的国情使然。高度隐身化固然好,造价、设计能力、作战思维等因素都决定了最终产品的性能。据称,苏-57的外形气动设计是为了提高飞机的机动性,刻意降低了隐身标准。但此种说法显得有些站不住脚,F-22气动性能高,发动机推力大,高度隐身化设计,丝毫没有影响机动性能。

苏-57相比苏霍伊之前的战机,加强了复合材料的应用,占机身总重的25%。据称苏-57在更换新式发动机之后,也可以像F-22那样实现超声速巡航能力,但回顾以往,发动机没有一次不"迟到",总是因为这样那样的原因赶不上飞机的进度。至于新发动机性能如何,目前更无从谈起,只能让我们耐心等待它面世飞行的那一天了。

苏俄制武器装备以皮糙肉厚、皮实耐用的特点为大众熟知,苏-57作为俄罗斯最新航空产品,不出意外,飞机表面工艺处理延续了苏俄系飞机的特点。遍布机身的巨大铆钉赫然在目,两段式座舱盖、硕大的发动机喷口和发动机短舱都严重影响了整机隐身效果。虽然外观上相比苏-27的隐身化有长足进步,但距离F-22和F-35等隐身战机的隐身化设计相去甚远,隐身能力介于欧洲"台

苏-57与苏-27

风"和F-35之间。公开资料显示，苏-57的雷达截面积为0.1米^{2}至1米^2，这实在称不上优秀。

苏-57的主要航空电子系统，是Sh121多功能航电系统和101KS Atoll光电系统。Sh121系统包括了N036火控雷达及L402电子战系统，该系统内包括有位于机头整流罩内以1552个非等距排列收发模组成的 N036-1-01X波段有源相控阵雷达天线，两部位于前机身两侧用作侧视，以358个收发模组成的N036B-1-01X波段有源相控阵雷达以增加覆盖角度，另有两部位于翼前缘伸延内的N036L-1-01L波段收发器，以上雷达、传感器的信息会由N036UVS电脑、处理器处理。根据苏霍伊官方消息，新雷达可减低飞行员的工作负荷，并可把数据链传输至其他友机、预警机及地面控制系统。据称N036雷达探测距离可达400千米，可同时跟踪60个目标，打击其中的16个目标。这个数据看似强大，但以俄罗斯的航空电子水平来看，数据存疑。

目前根据公开资料信息来看，苏-57的航空电子设备比以往有了长足进步。被俄罗斯宣传的神乎其神的苏-35S"雪豹"无源相控阵雷达，据称探测距离也有400千米之多，但实际效果只有使用国才能得知。看得远不一定打得准，是否在抗干扰能力和目标获取上有巨大进步，目前还不得而知。以往苏俄系飞机的下视下射能力普遍较弱，这次苏-57如果真如宣称这般，那也是俄罗斯航空电子设备的巨大进步。

与上一代战机相比，苏-57有更强大的作战能力，集制空、对地、对海攻击于一体，多用途战斗能力提高较大。从苏霍伊设计局苏-27研制历程的经验来看，苏-57虽然已经服役，但离完全实现设计能力还需经过一段时间，保守估计，2027年左右苏-57才可以实现真正的战斗力。

最强！

本书至此，最先进的两款战斗机已经露出庐山真面目，俄罗斯苏-57和美

F-22与苏-57

较量
制空之王

国F-22。

据俄罗斯卫星通讯社2022年3月24日报道,俄罗斯空天军已经在2022年初又接收了2架量产型苏-57战斗机,俄空天军目前总计有3架苏-57服役,这距离美国F-22战斗机服役已经过去17年了。美军也将投资109亿美元对F-22进行升级改装。2005年开始服役的世界第一款隐身战斗机F-22已经步入中年,为期10年的109亿美元升级计划执行后,F-22机身寿命也将尽矣。

从隐身性能来看,苏-57比F-22差几个数量级。不论是飞机表面的制造工艺还是突起物,苏-57都略显粗糙。F-22属于典型的隐身设计战斗机,对于隐身性能方面非常重视,尽可能将自己的隐身性能做到极致。F-22在宣传上也很夸大,美军宣称其雷达反射截面0.00001米^2,这个数据实在让人难以相信,不过F-22的雷达反射截面在0.01米^{2}这个数值还是比较科学的。苏-57雷达反射截面在0.1~1米^2,差距实在不小。如果面对F-22,先敌发现的概率降低很多。

武器方面,目前苏-57使用苏-27和苏-30飞机的武器,未来R-77远程空对空导弹会有最新改进型号面世。F-22则使用AIM-120C/D导弹,将来装备AIM-260导弹,性能更加强悍。说起武器,苏-57机头右侧那个"格沙"301机炮口异常突兀,使其隐身效果大打折扣。

超声速巡航方面,F-22从YF-22与YF-23竞争时就着重超声速巡航能力,尤其有F119发动机强大的动力支持,F-22的超声速巡航能力目前独步全球。苏-57据称也有超声速巡航能力,但无法证实,最新的发动机遥遥无期。苏-57的超声速巡航能力到底如何,我们还是要再等。

超机动性方面,苏-57和F-22都拥有无与伦比的超强机动性能。我们印象中俄式战机的超高机动性主要来源于各种航展的飞行表演,美欧系战机在航展上的表现没有俄系战机那般"绚丽多姿"。苏-57不但可以做出苏-27招牌动作"眼镜蛇机动",还可以做出很多过失速机动动作,让人眼花缭乱。介绍"尾冲"时,我们说过战机在空战中能量相当重要,过失速机动在真实

苏-57 "大战" F-22

空战中几乎等于活靶子,绝不可轻易使用。不过这里还是要表扬苏霍伊设计局的飞机,苏-27的"眼镜蛇机动"和苏-57各种花样机动动作虽然不是实战动作,但如果没有非常优秀的气动设计和操纵控制系统,这些动作不可能完成。对机身结构、重量、重心也有较高要求。能够身姿矫健地完成这些动作,说明苏霍伊的飞机本身还是不错的,飞机的设计比较好。F-22的飞行表演中,过失速机动也很多,但令人印象深刻的还是F-22的瞬间机头指向能力。在不损失能量的前提下,利用二元矢量发动机的特殊效果,实现瞬间机头指向,这一点比眼花缭乱的"花拳绣腿"更有实战意义。还有F-22的超声速巡航阶段可以做出过载为5的机动动作,这一点目前看,没有第二型战机可以完成。苏-57是否有这个能力,还要继续等待新发动机和其机体本身成熟之后再说了。

关于服役数量问题这里无须多言,苏-57还处于测试阶段,至少目前及今后一段时间还不是"完全体",与F-22的较量无从谈起。最后说说弹舱,F-22和F-35的弹舱乃至内部细节资料随手可查,在洛克希德公司官方网站和众多军事新闻资讯中也可轻易找到。苏-57则有些"羞答答",这不是俄罗斯不"开放",最关键的原因在于目前的苏-57还不成熟。俄罗斯经济窘迫的状况众所周知,没有大笔经费进行战斗机的大规模试验试飞,与苏联时期苏霍伊设计局动辄几十架苏-27高密度试飞不可同日而语。苏-57还未服役,已经开始大张旗鼓招揽生意,积极寻找海外客户。苏霍伊设计局的风格我们比较了解,先拿出来卖,等找到客户有钱了再升级产品,如苏-37就是典型例子。即使现在不成熟,还没达到宣传中的效果,也要拿出来打广告。现在苏-57的弹舱资料少之又少,足以说明这项关乎飞机隐身的重要技术还没有通过最后技术验收。

至于俄罗斯设想的把苏-57作为新式航空母舰舰载机,这个更是遥遥无期。目前俄罗斯仅存的"库兹涅佐夫"号航母还在船厂维护,因经费困难进度非常缓慢,更不要提未来新航母了。俄罗斯新航母计划年复一年提出,雷

87 隐身无形

声大雨点小，喊了20余年还是没有任何可靠确实证据显示该航母开始设计制造。这让我想起了《史记·周本纪》中幽王烽火戏诸侯的故事："褒姒不好笑，幽王欲其笑万方，故不笑。幽王为烽燧大鼓，有寇至则举烽火。诸侯悉至，至而无寇，褒姒乃大笑。幽王说之，为数举烽火。其后不信，诸侯益亦不至。"

苏-57作为俄罗斯未来主力战机，若想要对抗F-22，还有很长的一段路需要走。

部分专业术语解释

整书通篇基本很少使用航空方面极其深奥的专业术语，过于职业化会令读者感觉佶屈聱牙晦涩难懂，影响整体阅读。但部分名词还是需要进一步解释，方便贯通。

展弦比

固定翼飞机的翼展与平均弦长之比，即展弦比。展弦比的计算方法是：用翼展的平方除以翼面积。越是外观细长的机翼，其展弦比越大，如滑翔机；越是短粗的机翼，其展弦比的数值较小，如"阵风"。展弦比等参数常用于预测机翼的气动效率，在低速飞行中，随着展弦比增加，飞机的升阻比会升高，从而提高其燃油经济性。

边条翼

边条机翼是指一种特定的混合平面形状机翼，分别由翼根边条和基本翼组成。翼根边条为大后掠的细长三角翼，基本翼为中等展弦比中等后掠角的切尖三角翼。在低亚声速时，基本翼提供较大的升阻比，弥补了边条气动效率低的欠缺。在超声速时，边条相对厚度小，后掠角大，使激波强度大为减弱，具有小的波阻。更重要的是，在低速大迎角时，由边条前缘产生的强涡控制了基本翼的分离，并诱导附加的涡升力，提高了整个边条翼的大迎角气动特性。因此，边条翼实际上是用混合平面形状来协调低亚声速与超声速的矛盾，具有线性气动特性机翼与非线性气动特性机翼的组合特性，其流型属于混合流型。美国的F-16、F/A-18，俄罗斯的苏-27、米格-29等都采用了边条翼布局。

三翼面

三翼面布局是指在正常式布局的基础上增加一个水平前翼的构成方式，综合了鸭式布局和正常式布局的特点。经过精细折中设计，有可能得到更好的性能。三翼面布局因前翼位置相对机翼的远、近，分为近耦合短间距布局和长间距布局，前者多用于战斗机。近耦合三翼面用于真实飞机是从苏-27改型苏-27K（即苏-33）开始的，苏-27K前翼更大，明显增加了升力，提高了机动性。三翼面布局增加了一个前翼，使载荷分配更合理，从而减少结构的尺寸；增加了一个前翼操纵自由度，它与机翼前后缘襟翼及水平尾翼结合在一起可以进行直接升力控制；改善了大迎角气动特性，但对横航向特性有不利影响，增加零升阻力。

翼身融合体

翼身融合体是指机翼和机身融合成一个整体，不像通常飞机的机身和机翼有明显的分界线。从水平投影看，已分不出机身和机翼，这样的融合使机身作为机翼的一部分来产生升力，比较典型的有苏-27，其平面投影翼身呈一个复杂平面形状机翼，从侧面截取纵向切面看也是翼剖面。

推力矢量

推力矢量是指发动机除了为飞机提供前进的推力外，还可在飞机俯仰、偏航、液转、反推和前进推力方向上，提供发动机内部推进力，用于补充常规由飞机舵面或其他装置产生的外部气动力，从而进行飞行控制。在飞机上实现矢量推力主要靠喷管转向（矢量喷管）及加燃气舵,使气流在内部转向的矢量喷管有二元（矩形截面）和轴对称（圆形截面）两种形式,气流在外部转向的燃气舵是将一个或多个偏转舵面或叶片置于喷管出口的外部燃气中,从而产生俯仰、偏航和滚转矢量推力。燃气舵这种方案只用在研究推力矢量潜力的验证机上,例如F/A-18大迎角研究机（HAPV）和美国、德国联合研制的X-31增强战斗机动验证机上。从20世纪70年代开始,美国二元矢量喷管在F-15S/MTD短距起落验证机上进行试飞验证。

大量的模型试验及分析、地面验证试验和飞行验证试验都证明了,采用多功能矢量喷管的战斗机比常规战斗机有多方面的优势。如增强飞机的大迎角机动性和过失速机动能力、提高敏捷性、减少起飞着陆距离、提高作战效能及生存力、减少飞机全寿命期的费用等。

二元矢量

在介绍美国F-22的章节中我们使用过"二元矢量"这个名词,只有向后的推力就是传统发动机,既能产生推力又可以改变方向的喷口叫作矢量喷口,F-22的两片偏转片可以上下活动,这里的二元指的是两个运动自由度。具体来说,F119发动机喷口决定推力大小和方向的两个活动部件分别的偏转角度,就是二元。苏-57为传统圆形喷口可全向偏转,称为轴对称矢量喷口,而非"三元矢量"喷口。这里的元,指的是活动部件的自由度。F-35B的F-135,采用3BSM三轴承旋转模块,三个轴承也可以将其视为三个旋转自由度,可称之为三元矢量喷管。

前缘增升装置

- 前缘机动襟翼：前缘襟翼是指无缝道的简单式前缘襟翼,它与简单式后缘襟翼的形式有些相似,但前缘襟翼下偏时,除襟翼与主翼段外,还有一个上表面的过渡曲面。前缘襟翼最佳偏角约为25度,更大的偏角会因弯曲过渡区的吸力峰而引起分离。苏-27因为原型机没有前缘机动襟翼而改造机翼，拉直了机翼前缘使之可以安装前缘机动襟翼，加装翼尖挂架。
- 前缘机翼下垂：前缘机翼下垂的机理与前缘襟翼是相同的。前缘下垂是固定的，不能随飞行状态的变化而改变其外形。因此，它要受到其他飞行状态（如高速飞行）的限制，只能作较小的外形修改，所以它又被称为固定前缘修形，如苏-27原型机T-10。
- 前缘缝翼：前缘缝翼是前伸到翼型之前的辅助翼型，用来帮助气流在高升力状态平滑绕过前缘。实际上，在中、小升力系数下，前伸和下垂的前缘缝翼都是不需要的。因为在此情况下，气流从下翼面分离，阻力系数高达0.1，约是干净机翼阻力系数十倍的量级。为了具有良好的飞机性能，前缘缝翼必须是可收起的或自动收放的，如法国"阵风"。此外，F-15的进气道前缘扭转也相当于前缘襟翼的作用。

浸润面积

飞机浸润面积是指总的外露表面积，可以看作把飞机浸入水中将会变湿的那部分外部面积。要估算阻力必须计算浸润面积，因为它对摩擦阻力的影响最大。

风洞试验

风洞试验在飞机气动力设计中占有极其重要的地位，它是认识气动力流动机理、进行气动力分析、获得可供设计使用的气动力原始数据的重要手段。由于风洞试验更为真实直接，因此其作用是数值模拟计算手段所无法取代的。飞机设计部门应用的气动力原始数据，绝大部分取自风洞试验的结果。为此，目前国内外飞机气动力研究及设计部门都十分重视这一手段，在风洞试验设施、试验技术、测试设备上不断发展、改进、完善。

风洞试验的分类：
- 按试验技术的难度可分为常规试验和特种试验。
- 按速度范围可分为低速试验和高速试验。
- 按试验任务可分为测力测压和流态观察等。

F-35B三元矢量喷管

电传操纵系统（电传飞行控制系统）

采用余度技术的全权限控制增强系统，即为电传飞行控制系统。电传飞行控制系统是采用主动控制技术的基础。主动控制技术的应用，使飞行控制系统在飞机设计中，成为与气动布局、结构布置、动力装置并列的飞机总体设计的重要内容之一。电传飞行控制系统由操纵机构（驾驶杆或盘、脚蹬）、人工感觉系统、飞行控制计算机、飞行控制传感器和飞行控制作动器等组成，与飞机其他系统组合，可实现更多功能。电传飞行控制系统的主要特点是形成闭回路控制。使用常规的机械飞行控制系统，驾驶员控制的是操纵面的偏度，凭驾驶员对飞机响应的感觉来掌握操纵量；而使用电传飞行控制系统时，由于驾驶员控制的是飞机的响应，因此能获得满意的飞行品质。

CFD

计算流体动力学简称CFD，是指利用计算机，采用数值方式求解流体运动方程的一门学科，是计算数学和流体动力学相结合的产物。计算流体动力学的发展依赖于计算机的发展，反过来也促进了计算机的发展。20世纪60年代后，计算机蓬勃发展，计算流体动力学得到更快速的发展。

20世纪70年代F-16设计之时，使用传统风洞试验验证，1971～1982年间，风洞试验用时12000小时。而前掠翼X-29飞机在设计时使用了CFD，设计结果仅需160小时跨声速和超声速风洞试验验证。著名的"湾流"支线飞机，采用CFD方法节约了400万美元的设计费用。CFD不仅节约了设计费用，还可以缩短设计周期，进行优化设计，提高新飞机的竞争力。

加莱特进气道

加莱特进气道是指一种通过分离超声速激波，增加在超声速状态下飞行的飞行器进气道压力的进气道设计，此种进气道利用了超声速激波增压原理。在飞机大马赫数飞行时，激波贴附在进气口边缘，波后突然增压的气流进入进气道，加莱特进气道通过气流经过激波后使气流减速，而经过激波减速后的气流是均匀的，这部分气流可以有效提高进气道内部的气流性能，适合发动机的进气需要，不需要安装复杂的进气调节控制系统。在进气道内部有附面层吸收孔，在进气道侧面有1个固定排气开口，可排出附层面空气。F-22就是典型加莱特进气道。

结　语

　　战斗机被誉为"工业皇冠"，能够自行设计制造战斗机的国家凤毛麟角，这是工业和科技之集大成，也是一个国家综合国力最好的体现。

　　战斗机的设计和制造并非一蹴而就，需要整个国家成千上万名优秀的科技人员团结协作，更要有大量时间与资金的投入，还需要承担试验试飞的风险，甚至还有血的代价。付出与回报不一定成正比，投入超级巨大的成本，很可能设计制造出来的战斗机性能不尽如人意。发展总是曲折坎坷的，总结经验之后奋发拼搏，才有可能使先前的劳动不付之东流。本书从米格-21至F-22，经历几代战机的发展沿革，从时间轴上可见人类对于航空兵器进步的渴望，也是各国为了自己的国防安全而做出的牺牲和努力。

　　因篇幅有限，没能将世界上所有主流经典战斗机全部涵盖，也是本书的一个遗憾。在此，希望阅读本书的读者朋友们通过本书有所启发，了解更多航空科技资讯和趣闻，寓教于乐的同时共同进步。

　　最后，让我们以荀子《劝学》作为本书结尾，衷心祝愿读者朋友们与我一起在知识的海洋里奋进，心想事成。

　　君子知夫不全不粹之不足以为美也，故诵数以贯之，思索以通之，为其人以处之，除其害者以持养之。使目非是无欲见也，使耳非是无欲闻也，使口非是无欲言也，使心非是无欲虑也。及至其致好之也，目好之五色，耳好之五声，口好之五味，心利之有天下。是故权利不能倾也，群众不能移也，天下不能荡也。生乎由是，死乎由是，夫是之谓德操。德操然后能定，能定然后能应。能定能应，夫是之谓成人。天见其明，地见其光，君子贵其全也。